铜电解精炼工

（铜电解工、硫酸盐工）

主　编　程永红

副主编　蒲彦雄　张素霞　王文龙　付　明

北京

冶金工业出版社

2023

内 容 提 要

本书主要介绍了铜电解精炼一般知识、铜电解精炼基本原理、铜电解及净化生产工艺、铜电解设备及工艺配置、生产操作实践和经济技术指标等内容。全书共分4篇,分别为铜的性质及用途、铜电解精炼工艺、硫酸盐生产工艺、电解冶金设备。此外,为巩固学习知识,附有复习题及其答案。

本书可作为铜电解工、硫酸盐工的培训教材,也可供企业工程技术人员和管理人员阅读参考。

图书在版编目(CIP)数据

铜电解精炼工/程永红主编 . —北京:冶金工业出版社,2013.7
(2023.3 重印)
ISBN 978-7-5024-6365-6

Ⅰ.①铜…　Ⅱ.①程…　Ⅲ.①铜—电解精炼—教材　Ⅳ.①TF811.04

中国版本图书馆 CIP 数据核字(2013)第 160031 号

铜电解精炼工（铜电解工、硫酸盐工）

出版发行	冶金工业出版社	电　话	(010)64027926
地　址	北京市东城区嵩祝院北巷39号	邮　编	100009
网　址	www.mip1953.com	电子信箱	service@ mip1953.com

责任编辑　杨盈园　美术编辑　彭子赫　版式设计　孙跃红
责任校对　王永欣　责任印制　窦　唯
北京富资园科技发展有限公司印刷
2013年7月第1版,2023年3月第4次印刷
787mm×1092mm　1/16;14印张;338千字;214页

定价48.00元

投稿电话　(010)64027932　投稿信箱　tougao@cnmip.com.cn
营销中心电话　(010)64044283
冶金工业出版社天猫旗舰店　yjgycbs.tmall.com
(本书如有印装质量问题,本社营销中心负责退换)

《铜电解精炼工》岗位培训教材
编 委 会

主　任：程永红

副主任：温堆祥　　张永武　　逯毅君　　蒲彦雄
　　　　李　光　　汤红才　　李向荣

委　员：方清天　　任智顺　　李金利　　付　明
　　　　周培生　　吴庆德　　岳占斌　　王武生
　　　　欧晓健

主　编：程永红

副主编：蒲彦雄　　张素霞　　王文龙　　付　明

前 言

金川集团股份有限公司阴极铜最早于 1971 年生产，产品为小板阴极铜，随着公司的不断发展，1985 年开始扩建，生产能力增加至 $1.2 \times 10^4 t/a$ 的电解系统和净化系统；通过 1994 年、2000 年两次继续扩建，小板阴极铜年生产能力达 $5 \times 10^4 t$，产品为标准阴极铜。

2000 年以后，随着铜产业不断做大，开始大板阴极铜的生产，分别于 2003 年 6 月建成投产 $5 \times 10^4 t$ 电解系统和净化系统；2005 年 1 月建成投产 $8 \times 10^4 t$ 电解工程及净化系统；2006 年 10 月建成投产 $20 \times 10^4 t$ 电解系统和净化系统；2011 年 5 月又建成投产 $20 \times 10^4 t$ 电解系统和净化系统。形成了标准阴极铜和高纯阴极铜两大生产系统的格局，具备年产 $60 \times 10^4 t$ 阴极铜的生产能力。

大板电解工艺流程采用国内先进的大极板、长周期、高电流密度常规生产工艺；电解系统配备的五条联动线机组由金川集团公司与南昌有色冶金设计研究院在国内首次研发成功并投入应用，结束了国内采用大极板电解工艺联动机组必须全套引进设备的历史，填补了国内该领域技术空白。电解专用吊车采用国产吊车、进口吊具组合式，实现了自动定位、自动吊装作业；对各生产环节的"三废"进行严格治理，有效地保护了环境。

溶液净化系统采用了先进的板式真空蒸发浓缩、水冷结晶生产粗硫酸铜；诱导法脱杂质砷、锑、铋；电热浓缩生产粗硫酸镍的工艺流程；脱杂质效率高，对原料成分适应能力强，环保效果好。整个工艺过程采用电仪一体化 PLC 控制系统，工艺参数、电器仪表设备均可实时显示与控制，生产重要指标可在线分析，先进的数据库系统实现了生产数据的远程共享，自动化应用居国内先进水平。出于对生产实践和技术改造的系统总结以及职工培训所需，我们组织编写了本书。全书主要介绍了铜电解精炼一般知识、铜电解精炼基本原理、铜电解及净化生产工艺、铜电解设备及工艺配置、生产操作实践和经济技术指标等内容。本书是在 2005 年培训教材的基础上，结合系统扩能改造后的实际情况编写的，可作为铜电解工、硫酸盐工的培训教材，也可供企业工程技术人员和管理人员阅读参考。参加本书编写工作的有：王文龙、张素霞、程霞霞、高新峰、丁学锁、王燕、陈宇霞、李睿、白发青、朱杰、杨晓亮、季婷、丁天生、李春梅、佘琳等。由于编者水平有限，时间紧迫，书中不妥之处在所难免，诚望各界人士不吝赐教。

《铜电解精炼工》岗位培训教材编委会
2013 年 6 月 7 日

目　录

第1篇　铜的性质及用途

第2篇　铜电解精炼工艺

第3篇　硫酸盐生产工艺

第 4 篇　电解冶金设备

附录　复习题及其答案

第1篇 铜的性质及用途

第1章 铜及其主要化合物

1.1.1 铜的性质

铜是一种化学元素，化学符号是 Cu（拉丁语：Cuprum），原子序数是 29，是一种过渡金属。铜是呈紫红色光泽的金属，密度为 $8.92g/cm^3$，熔点(1083.4 ± 0.2)℃，沸点 2595℃，常见化合价 +1 和 +2，电离能 7.726eV。铜是人类发现最早的金属之一，也是最好的纯金属之一，稍硬、极坚韧、耐磨损，还有很好的延展性，导热和导电性能较好。铜和它的一些合金有较好的耐腐蚀能力，在干燥的空气里很稳定，但在潮湿的空气里其表面可以生成一层绿色的碱式碳酸铜（$Cu_2(OH)_2CO_3$），称为铜绿，可溶于硝酸和热浓硫酸，略溶于盐酸，容易被碱侵蚀。

1.1.1.1 铜的物理性质

铜是一种紫红色、柔软、具有良好的延展性和导电性、导热性的金属。铜易锻造和压延，能拉成很细的铜丝，能压成 0.0026mm 厚的铜箔。在金属中铜的导电性仅次于银。液态的铜能溶解某些气体，如氢气、氧气、二氧化硫、二氧化碳、一氧化碳和水蒸气等，温度越高，溶解度越大。由于与溶解于铜中的气体杂质发生作用，会导致铜的力学性能和导电性、导热性发生显著恶化。

铜的密度：20℃是 $8.89g/cm^3$，熔融状态时为 $8.22g/cm^3$。铜的熔点为 1083℃，沸点为 2595℃。铜在熔点时的蒸气压很小，仅 $1.60Pa(0.012mmHg)$，所以铜在冶炼过程中不会挥发。

1.1.1.2 铜的化学性质

铜在元素周期表的第四周期、第一副族，原子序数为 29，相对原子质量为 63.55。铜的原子半径为 0.1275nm，铜原子的电子排布为：$Cu1s^22s^22p^63s^23p^63d^{10}4s^1$。金属铜活性小，铜在干燥空气中，常温时比较稳定，加热时（185℃以上）开始氧化，高温时，在铜的表面会生成一层由氧化铜和氧化亚铜组成的黑色覆盖物，在氧充足时表面生成的是氧化铜，里层是氧化亚铜。在含有二氧化碳的潮湿空气中，铜的表面会慢慢生成有毒的铜绿，即铜锈（$Cu_2(OH)_2CO_3$）。铜在常温下能与卤素作用。硫对铜特别有害，铜与含有硫化氢的空气接触时，表面能生成铜硫化物的黑色薄膜。在金属活动性顺序表中，铜位于氢的后面，盐酸和稀硫酸与铜不起作用，但有氧存在时，铜可以缓慢溶解，并生成相应的盐。铜可充分迅速地溶于硝酸中，也能很好地溶于热硫酸。

1.1.2　铜的主要化合物及性质

1.1.2.1　硫化铜

硫化铜（CuS）呈黑色或棕色，在自然界中以铜蓝矿形式存在。硫化铜为不稳定化合物，在中性还原气氛中加热时按下式分解：

$$4CuS == 2Cu_2S + 2S$$

在熔炼过程中，炉料受热时料中的硫化铜可以完全分解，产出硫化亚铜进入冰铜相中。硫化铜不溶于水，不与稀硫酸和苛性钠发生作用，但可溶于热硝酸和氰化钾溶液中。

1.1.2.2　硫化亚铜

在自然界中硫化亚铜（Cu_2S）以辉铜矿的形式存在，它是一种蓝黑色物质，在常温下稳定，不易被空气氧化。在高温条件下二氧化碳可使硫化亚铜逐渐氧化，但一氧化碳对它无影响。氢气可使硫化亚铜缓慢还原，在氧化钙存在下可加速还原。硫化亚铜与硫化亚铁及其他金属硫化物共熔时，形成冰铜。硫化亚铜不溶于水及弱酸中，能溶于热硝酸中并形成元素硫。与盐酸作用时可析出硫化氢气体。

1.1.2.3　氧化铜

氧化铜（CuO）是黑色无光泽的物质，在自然界中以黑铜矿的形式存在。氧化铜是碱性氧化物，不溶于水但能溶于硫酸、盐酸等酸中，还能溶于硫酸铁、氯化铁、氢氧化钠、碳酸铵等溶液中。

氧化铜可在高温下分解：

$$4CuO == 2Cu_2O + O_2 \uparrow$$

氧化铜在高温下易被氢气、一氧化碳及碳氢化合物还原成氧化亚铜或铜。在冶金过程中氧化铜还可被硫化物和较负电性的金属还原。

1.1.2.4　氧化亚铜

氧化亚铜（Cu_2O）在自然界中以赤铁矿的形式存在。致密的氧化亚铜呈樱红色，并有金属光泽。粉状氧化亚铜呈浅红色，在低于 1060℃ 时部分氧化成氧化铜。

在高温下 Cu_2O 与 FeS 及 Cu_2S 可按下式发生反应：

$$Cu_2O + FeS == Cu_2S + FeO$$

$$2Cu_2O + Cu_2S == 6Cu + SO_2$$

此反应在铜的火法冶金过程中有着重要意义。

Cu_2O 不溶于水，但能溶于 HCl、$FeCl_3$、H_2SO_4、$Fe_2(SO_4)_3$、NH_4OH 等溶液中。Cu_2O

易被 H_2、CO、C 等还原成金属铜，也可被与氧亲和力强的金属还原。

1.1.2.5　硫酸铜

硫酸铜（$CuSO_4 \cdot 5H_2O$）俗称胆矾，是重要的工业原料。它呈天蓝色，晶体结构是三斜晶系，长久暴露在空气中，即能逐渐风化分解，失去结晶水变成白色粉末。在干燥的空气中将硫酸铜加热，在 27～30℃ 时变成蔚蓝色的三水硫酸铜（$CuSO_4 \cdot 3H_2O$），在 93～99℃ 时变成藏蓝色的一水硫酸铜（$CuSO_4 \cdot H_2O$），在 150℃ 变成白色的无水硫酸铜。硫酸铜在水中溶解度见表 1-1-1。

表 1-1-1　硫酸铜在水中的溶解度（按 100g 水计）

温度/℃	0	15	25	35	40	50	60	70	80	90	100
$CuSO_4$	14.9	19.3	22.3	25.5	29.5	33.6	39.0	45.7	53.5	62.7	73.5
$CuSO_4 \cdot 5H_2O$	23.2	30.2	34.9	39.9	46.2	52.6	61.1	71.6	83.8	98.2	115.0

第2章 铜精矿的产物与铜的消费

铜精矿由电解精炼法或电解沉积法生产得到阴极铜。按国标《阴极铜》（GB/T 467—2010）的规定，阴极铜按化学成分分为A极铜（Cu-CATH-1）、1号标准铜（Cu-CATH-2）和2号标准铜（Cu-CATH-3）三个牌号。阴极铜化学成分应符合GB/T 5120、YS/T 464的规定，阴极铜的质量电阻率分析方法按GB/T 351的规定进行。表面质量用目视检测。

1.2.1 产品分类

阴极铜按化学成分分为A极铜（Cu-CATH-1）、1号标准铜（Cu-CATH-2）和2号标准铜（Cu-CATH-3）三个牌号。

1.2.2 产品化学成分

高纯阴极铜化学成分应符合表1-2-1的规定。标准阴极铜化学成分应符合表1-2-2及表1-2-3的规定。

表1-2-1 A极铜（Cu-CATH-1）化学成分（质量分数） （%）

元素组	杂质元素	含量（不大于）	元素组总含量（不大于）	
1	Se	0.00020	0.00300	0.0005
	Fe	0.00020		
	Bi	0.00020	—	
2	Cr	—	0.0015	
	Mn	—		
	Sb	0.0004		
	Cd	—		
	As	0.0005		
	P	—		
3	Pb	0.0005	0.0005	
4	S	0.00150	0.0015	
5	Sn	—	0.0020	
	Ni	—		
	Fe	0.0010		

续表 1-2-1

元素组	杂质元素	含量（不大于）	元素组总含量（不大于）
5	Si	—	0.0020
	Zn	—	
	Co	—	
6	Ag	0.0025	0.0025
杂质元素总含量		0.0065	

表 1-2-2　1 号标准铜（Cu-CATH-2）化学成分（质量分数）　　（%）

Cu + Ag（不小于）	杂质含量（不大于）									
	As	Sb	Bi	Fe	Pb	Sn	Ni	Zn	S	P
99.95	0.0015	0.0015	0.0006	0.0025	0.002	0.001	0.002	0.002	0.0025	0.001

注：1. 按批测定标准阴极铜中的铜、砷、锑、铋含量，并保证其他杂质符合本标准的规定。

　　2. 铜含量为直接测得。

表 1-2-3　2 号标准铜（Cu-CATH-3）化学成分（质量分数）　　（%）

Cu（不小于）	杂质含量（不大于）			
	Pb	Bi	Ag	总含量
99.90	0.005	0.0005	0.025	0.03

注：铜含量为直接测得。

1.2.3　产品表面质量

（1）阴极铜表面应洁净，无污染，无油污、电解残渣等各类外来物。

（2）阴极铜表面（包括吊耳部分）绿色附着物总面积应不大于单面面积的 1%。

（3）因潮湿空气的作用，使阴极铜表面氧化而生成一层暗绿色者不作废品。

（4）阴极铜表面及边缘不得有花瓣状或树枝状结粒（允许修整）。

（5）阴极铜表面高 5mm 以上圆头密集结粒的总面积不得大于单面面积的 10%（允许修整）。

1.2.4　产品物理性能

（1）需方如对电学性能有特殊要求，并在合同中注明时，可以进行质量电阻率的测试。

（2）其中 A 极铜质量电阻率不大于 0.15176Ω·m，1 号、2 号阴极铜质量电阻率不大于 0.15328Ω·m。

1.2.5　铜矿资源与铜的消费

世界铜矿资源主要分布在北美、拉丁美洲和中非三地，目前全世界已探明的储量共

3.5×10^{12} t，其中智利占24%，美国占16.9%，俄罗斯占10.15%，扎伊尔占7.39%，赞比亚占4.55%，秘鲁占3.41%。美洲占世界总储量的60%。

中国是世界最大的铜材生产国、消费国、进口国，也是重要的出口国，铜材总产量已连续7年居世界首位。中国铜加工业所面临的新形势是：世界金融危机对铜加工的不利影响并未消除，出口形势并不乐观，节能减排和企业升级任务艰巨。中国铜加工的发展战略是宏观上全行业做大做强，微观上把企业做精做专，建设生产技术先进、产品质量一流、技术指标先进的创新型铜加工业。创新是行业发展的动力源泉，为实现行业升级的宏伟目标必须进行科学的企业整合，大力推进技术创新，建立节能、环保、连续化、自动化生产线，是提升行业水平的重要措施。

第2篇 铜电解精炼工艺

第1章 铜电解精炼

2.1.1 电解精炼原理

2.1.1.1 电极反应

铜电解精炼是在电解槽内通过电化学反应来实现的，该反应的阳极是火法精炼生产的阳极板，阴极是铜电解种板生产的始极片，电解液是硫酸和硫酸铜的水溶液。电解槽内阴、阳极相间悬挂，阴、阳极板之间充满电解液，导电板将阴、阳极连成回路。

铜阳极板主要化学成分是 Cu，另有一定量杂质如 Ni、Fe、Zn、Pb、As、Sb、Bi、Au、Ag、O 等。根据电化学理论，在阳极板上首先放电析出的是负电性较负的元素，如 Ni、Zn 等，阴极上首先放电析出的是正电性较正的元素，如 Au、Ag 等。因为铜阳极板杂质含量少，所以放电后进入溶液的各种杂质的浓度比铜离子浓度小得多，从而这些杂质离子的电位比铜显得更负，因此，它们很难在阴极上放电析出。比铜电位更正的元素极少溶解于电解液中，绝大部分沉降于槽底成为阳极泥。总之，铜电解主要电解反应为：

阳极 $$Cu - 2e \longrightarrow Cu^{2+}$$

阴极 $$Cu^{2+} + 2e \longrightarrow Cu$$

在铜电解精炼过程中，除了上面两个主要电解反应外，还要注意以下几个反应：

（1）部分铜失去一个电子生成 Cu^+

$$Cu - e \longrightarrow Cu^+$$

由于不稳定，有两种反应可能发生：

①自行分解析出铜粉

$$2Cu^+ \longrightarrow Cu^{2+} + Cu \downarrow$$

②与电解液的 O_2 反应

$$Cu_2SO_4 + O_2 + H_2SO_4 \longrightarrow 2CuSO_4 + H_2O$$

上述两种情况均对生产不利。第①种情况会使阴极铜表面生成铜粉疙瘩，影响阴极铜析出质量；第②种情况使电解液中 Cu^+ 浓度升高，硫酸浓度降低，造成技术条件的波动。解决的办法之一是定期抽液净化，另一种办法是在生产槽系统开设脱铜槽。

脱铜槽阳极采用不溶性铅板（含银或锑），其阴极反应同于普通生产槽，阳极反应是：

$$2OH^- - 2e \longrightarrow H_2O + \frac{1}{2}O_2 \uparrow$$

脱铜槽两极的综合反应可表示为：

$$CuSO_4 + H_2O \longrightarrow Cu + H_2SO_4 + \frac{1}{2}O_2 \uparrow$$

反应结果，阴极析出铜，阳极放出 O_2，电解液中 Cu^{2+} 浓度减小，同时生产硫酸，增加槽内酸度，从而达到了稳定电解液成分的目的。与普通生产槽产品相比，脱铜槽产生的阴极铜表面比较平滑，疙瘩极少，化学成分较差。

上述反应需要的电压为 1.49V 以上，实际上脱铜槽电压通常在 1.8~2.3V 之间，为防止阳极放出的氧气带出酸雾，恶化劳动环境，脱铜槽电解液面一般配置酸雾吸收处理设施。

（2）当溶液中有 Fe^{2+} 时，在阳极上将会发生氧化反应：

$$Fe^{2+} - e \longrightarrow Fe^{3+}$$

在阴极上的 Fe^{3+} 又被还原：

$$Fe^{3+} + e \longrightarrow Fe^{2+}$$

这样，Fe^{2+} 在阴、阳极之间来回"拉锯"，降低了电流效率，无意义地消耗电能，因此应控制电解液中的铁含量。

（3）电解液中存在着 OH^- 和 SO_4^{2-}，阳极上可能发生以下反应：

$$2OH^- - 2e \longrightarrow H_2O + \frac{1}{2}O_2 \uparrow$$

$$SO_4^{2-} - 2e \longrightarrow SO_3 + \frac{1}{2}O_2 \uparrow$$

由于这两个反应的正电位都较铜更正，只有当溶液中 Cu^{2+} 浓度特别大，大到其电位和上述两个反应的电位相等时，反应才会发生，而这两种情况根本不可能发生，故这两个反应不可能发生。

同理，在阴极，H^+ 放电析出的电位较高，所以，在阴极上也不易发生以下反应：

$$2H^+ + 2e \longrightarrow H_2 \uparrow$$

以上三个反应不发生正是我们所希望看到的，因为这三个反应不仅无谓地增加电能消耗，而且由于生产的气体从电解液中逸出，电解液蒸发量增加，给生产现场带来酸雾。

2.1.1.2　阳极杂质在电解过程中的行为

前面已经讲过，铜阳极板含有一定量 Ni、Fe、Zn、Pb、As、Sb、Bi、Au、Ag、O 等杂质，这些杂质对电解精炼过程有很大影响。为了严格掌握操作条件和电解液的组成，控制阴极铜质量，必须了解各种杂质在电解过程中的行为。根据杂质的化学电位及溶解度，这些杂质可分为如下四类：

第一类　金、银、铂族及其化合物。这类杂质标准电位比铜更正，在阳极不进行化学溶解。随着铜元素的溶解，它们几乎全部形成颗粒状态沉降到槽底成为阳极泥，少量银能生产 Ag_2SO_4 进入电解液。

阴极铜上沉积的这类金属主要原因是阳极泥内含的该类金属机械黏附到阴极上造成的，并非放电析出。对于 Ag 含量较高的阳极板，为了回收有价金属 Ag，通常往电解液中加入适量盐酸，使之发生如下沉淀反应，从而进入阳极泥：

$$Ag^+ + Cl^- \longrightarrow AgCl\downarrow$$

从阳极泥中可以综合回收 Au、Ag、Se、Te 等有价物质。

第二类　铅、锡。铅、锡在电解时都形成不溶性化合物。

铜阳极中的铅在电解过程中与硫酸作用生成硫酸铅沉淀进入阳极泥。当阳极板中铅含量高于 0.3% 时，会使阳极溶解不均匀，造成钝化。

少量的锡在电解过程中形成不溶性的锡酸盐，有类似动物胶的作用，能吸附砷锑化合物并一起沉降于槽底，有利于减少电解液中砷锑含量，从而改善阴极铜的质量；当含量较多时，则会机械地黏附于阴极表面，影响阴极铜质量。

第三类　镍、铁、锌等。这类杂质的电位都比铜负，在电解时优先于铜从阳极上溶解进入电解液。在阴极，一般不能放电析出而存留于电解液中。

绝大部分的铁和锌在火法精炼已被除去，只有少量铁和锌仍留在铜阳极板中，但它们对电解精炼的影响仍不可忽视。铁的行为在上一节中已述及。随着电解生产的持续进行，电解液中的锌会逐渐积累。

镍在火法精炼时难以除去，阳极板中镍含量波动很大，为 0.09%~2.0% 或更多。阳极板中的镍进入电解液中的比例与阳极中氧含量密切相关。由于阳极板中含镍，部分镍形成氧化镍（NiO）或镍云母（$6Cu_2O \cdot 8NiO \cdot 2Sb_2O_3 \cdot 6Cu_2O \cdot 8NiO \cdot 2As_2O_5$），氧化镍和镍云母都是难溶物，附在阳极表面形成薄膜，引起阳极钝化和槽电压升高。阳极板中氧含量越高，进入溶液的镍量越少，进入阳极泥的镍量越多。阳极泥镍含量可高达 50% 或更多。

这类元素在铜电解生产过程中不会在阴极上放电析出，阴极铜所含镍、铁、锌是由于机械黏附或未烫净阴极铜表面附着电解液造成的。电解液中这类杂质含量多时，电解液的电阻增大，槽电压升高，电耗升高。

第四类　砷、锑、铋。这类元素对阴极铜质量是最有害的元素。研究表面，阴极铜内含 0.0013% 的砷，则电导率降低 1%。它们的析出电位接近于铜：

$$BiO^+ + 2H^+ + 3e \longrightarrow Bi + H_2O\,(E^{\ominus} = 0.28V)$$

$$SbO^+ + 2H^+ + 3e \longrightarrow Sb + H_2O\,(E^{\ominus} = 0.21V)$$

$$HAsO_2 + 3H^+ + 3e \longrightarrow Bi + H_2O\,(E^{\ominus} = 0.25V)$$

当阴极附近 Cu^{2+} 供应不足时，砷、锑、铋就可能在阴极上放电析出。此外，它们还容易产生"漂浮阳极泥"，机械黏附在阴极上。

产生漂浮阳极泥有很多种说法，至今仍未统一，其中有人认为是生成极细的 $SbAsO_4$ 及 $BiAsO_4$ 絮状物，悬浮于电解液中，形成所谓的漂浮阳极泥。

砷、锑、铋主要靠火法生产时除去，进入铜电解生产系统后，一般很难除去。在净化工序能除去少量此类元素。

　　根据阳极中杂质含量及电解技术条件（电解液成分、温度、循环速度及电流密度等）的不同，阳极中各元素在电解时的分配见表 2-1-1。

表 2-1-1　铜电解精炼时阳极板中各元素的分配 （%）

元　素	进入电解液	进入阳极泥	进入阴极
Cu	1 ~ 2	0.03 ~ 0.1	98 ~ 99
Ag	2	97 ~ 98	< 1.6
Au	1	99	< 0.5
铂　族		约 100	0.05
Se、Fe	2	约 98	1
Pb、Sn	2	约 98	1
Ni	75 ~ 100	0 ~ 25	< 0.5
Fe	100		
Zn	100		
Al	约 75	约 25	5
As	60 ~ 80	20 ~ 40	< 10
Sb	10 ~ 60	40 ~ 90	< 15
Bi	20 ~ 40	60 ~ 80	5
S		95 ~ 97	3 ~ 5
SiO$_2$		100	

2.1.2　电解精炼生产工艺

2.1.2.1　原料——铜阳极

　　铜电解生产的原料铜阳极，是由火法精炼直接铸成的长方形或正方形铜块，见图 2-1-1。其几何尺寸与阴极尺寸相互配合，阳极面积应较阴极面积略小，宽度、高度均为阴极宽与高的 95%。表 2-1-2 为国内某些工厂阳极尺寸及重量，表 2-1-3 为国内某些工厂阴阳极尺寸对比。国外大型铜精炼工厂采用的阳极尺寸比上述表中尺寸更大。

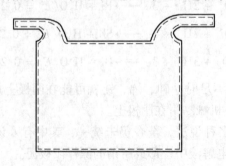

图 2-1-1　铜阳极

表 2-1-2　国内某些工厂阳极尺寸及重量

工　厂	阳极尺寸/mm			重量/kg
	长	宽	厚	
1	750	740	30	150
2	700	620	40	140
3	980	960	44	180
4	750	640	35	55
5	700	680	40 ~ 45	175
6	1000	960	41	360

表 2-1-3　国内某些工厂阴极和阳极尺寸对比　　　　　　　（mm）

工　厂	阳极尺寸			阴极尺寸	
	长	宽	厚	长	宽
1	750	700	36 ~ 40	770	740
2	760	810	40	840	870
3	900	600	25 ~ 30	920	620
4	750	740	30	780	760
5	700	680	40 ~ 45	720	700
6	1000	960	41	1020	960

　　铜阳极的化学成分和物理规格对电解精炼的技术经济指标、阴极铜质量都有影响。工厂对铜阳极板化学成分的一般要求见表 2-1-4。金川铜阳极主品位较低，杂质含量较高。

表 2-1-4　对铜阳极板化学成分的一般要求　　　　　　　（%）

元　素	Cu	Pb	Sn	Ni	As	Sb	Bi	O	Te
含　量	99.2 ~ 99.5	< 0.2	< 0.075	< 0.5	< 0.04	< 0.03	< 0.04	< 0.2	
高纯阴极铜生产要求	99.2	< 0.2	≤ 0.007	≤ 0.3	≤ 0.19	≤ 0.026	≤ 0.025	< 0.2	< 0.005

　　对阳极的物理规格有如下要求：

　　(1) 浇铸的阳极厚度应符合标准规格，每块阳极的重量差不超过 5%。因为厚度不同的阳极在电解过程中，将会增加残极的重量，给出装作业增加更换残极的数量，消耗了人力和电力更换残极的操作使电解液浑浊，影响阴极铜析出质量。

　　(2) 上下厚度一致，或上部略厚于下部，绝不可下部厚于上部。因为电解液上层硫酸浓度大，Cu^{2+} 浓度小，其电导率比下部的电解液高，且由于阳极板存在一定阻值的电阻，致使阳极板上部电力线密集，因而上部的阳极溶解速度较快。如果上部薄而下部厚，会使阳极在末期发生断裂坠入槽底，既容易砸坏电解槽，又引起短路，使残极率升高。

（3）表面应平整致密，无气泡、蜂孔、飞边、毛刺及其他附着物，耳部不得有冷隔层和折损。鼓肚、扭弯的阳极板易引起极间短路，降低电流效率。国外先进厂家将粗铜阳极铸成铜带，再冷轧成阳极，显著地提高了阳极的物理规格。

阳极周期根据电流密度、阳极重量、残极率而确定，一般为 12 ~ 24 天。阳极周期过长，槽内金属滞留时间增加，影响资金周转；阳极周期过短，残极率升高，增加返炼加工费和金属损失，并造成出装作业频繁，增加人力、物力消耗。

2.1.2.2 电解精炼的生产流程

铜电解精炼的生产工艺流程如图 2-1-2 所示，阳极装槽前要进行机械加工，铲去飞边毛刺，砸平耳部，使阳极板面平直，再进入阳极泡洗槽，用稀硫酸除去表面的氧化亚铜，从泡洗槽吊出后冲净，装入电解槽进行电解精炼。

阴极是在种板槽内生产所得。将钛种板烫净，打磨光滑，种板边粘上胶带纸，卡上塑料夹条，进入种板电解槽，经过一段时间电解（12 ~ 24h）后出槽剥离，剥下的铜皮经阴极加工制成阴极。

电解精炼产出三种主要产物：阴极铜、阳极泥、残极。阴极铜经烫洗，检斤计量，成为最终产品。阳极泥经压滤后送至贵金属厂，回收金、银、稀贵金属等。残极经冲洗、挑选、打包后返火法处理。能继续使用一天以上的残极均可依据生产情况留下备用，以降低残极率。

2.1.2.3 电解生产过程

铜电解生产过程包括：阳极加工处理、始极片的生产、种板包边、阴极加工、出装槽作业、槽面管理等几方面内容，下面逐一进行介绍。

A 阳极加工处理

火法生产的粗铜阳极板在物理规格上还不能完全满足电解精炼的要求。为了获得高质量的阴极铜，提高电效，降低槽电压，从而降低电能消耗，一般地，阳极板需经加工处理方可进入电解槽进行生产。

阳极加工处理有机械化和人工处理两种情况。国外先进工厂阳极加工主要靠阳极整形加工机组完成。阳极整形加工机组完成的作业包括平板、铣耳、排板上架几个部分。为了使阳极在电解槽内保持垂直，先将整个阳极板压平，再以铣耳机构将不太规则的阳极耳部用鼓形回轮切削刀具，把耳子底面的一定部位切削成半圆形，圆心在阳极板中心线上。铣耳工作完毕后，即可排列上架。

阳极机组包括：受板机、受板运输机、垂直压耳、称重系统、1 号移载机、横移输送机、耳部及板身水平压平装置、2 号移载机、退板站、铣耳机组、提升装置、排板输送机、分布梁、移载台车、液压系统、电力系统等部件。设备操作过程一般为：叉车一次将15 块阳极板装入受板站，在受板站阳极板按受板输送机的中心线调整对中，当阳极板被装入输送链时，能容纳约 40 块的受板输送机将阳极板送入 1 号移载机，1 号移载机一块接一块地将阳极板通过垂直压耳和称重系统送往横移输送机。垂直压耳使耳部呈水平状态以便在耳底铣削机进行铣耳时容易运输和铣削。称重系统一块接一块地称量阳极板的重量并

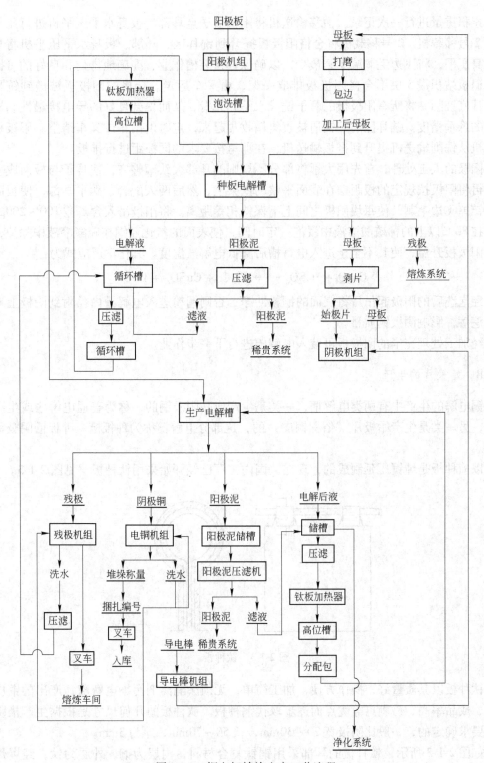

图 2-1-2 铜电解精炼生产工艺流程

做统计，当重量不符合要求范围时，将信号传入 PLC 系统，PLC 系统将发出指令，将不符合重量要求的阳极板在到达退板输送机时退出加工系统。称重系统将每隔一定时间对阳极板的累积重量进行一次记录。横移输送机将阳极板送至耳部、板身水平压平机进行压平后送到2号移载机。2号移载机将合格阳极板提升到铣耳区，耳部、板身水平压平机将耳子和板身压平，将飞边毛刺减少到最少，以确保轻松装槽作业、准确地排列和良好的可操作性。退板站积攒5块不合格阳极板排成一架，由叉车运走。合格的阳极板被送到铣耳机组，耳底铣削站将所有阳极板的耳子铣成水平和光滑，从而得到良好的导电接触性和槽内良好的悬垂精度。铣耳区的碎铜屑被收集箱收集起来，定时由吊车或叉车清空。阳极板由提升机从铣削输送机提升到排板输送机，在那里按要求的同极距进行排板。

阳极的人工处理，首先用大锤将部分不规则的耳部大致砸整齐，使耳子与板面成一条线，再将阳极按规定的极距摆在表面平整的铁架上，然后两人配合，砸平耳部，使板面垂直，铲掉飞边毛刺，使每块阳极之间上下保持相等距离。将阳极吊入含硫酸 $100 \sim 200g/L$、温度在 $80℃$ 以上的稀硫酸溶液中浸泡一定时间，使表面的氧化亚铜在硫酸溶液中除掉，同时给阳极板升温，使其不至于进入电解槽后降低电解液温度。其化学反应式为：

$$Cu_2O + H_2SO_4 \longrightarrow Cu\downarrow + CuSO_4 + H_2O$$

经泡洗后的阳极起吊后将表面的铜粉冲净，否则铜粉进入电解槽内黏附到阴极上形成铜粉疙瘩，影响阴极铜质量。

经加工处理完毕的阳极板可装入电解槽进行下一步作业。

B 始极片的生产

铜电解的生产中有两类电解槽，一类是生产成品阴极铜的，称为普通电解槽或生产电解槽，另一类是生产始极片（俗称铜皮）的，这部分电解槽称为种板槽。种板槽阴极称为种板。

以前种板是纯铜压延制成的，现在，国内工厂已经开始采用钛种板，见图 2-1-3。

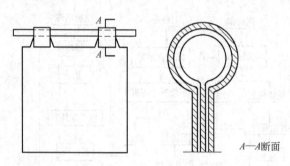

图 2-1-3 钛种板

钛种板以其质量好，操作方便，加工简单，无须涂隔离剂污染电解液，产出的铜皮质量好、成品率高、易剥离等优点而逐步取代铜种板。钛种板的几何尺寸是根据生产槽阴极尺寸要求确定的，一般比阴极宽 $20 \sim 30mm$，长 $50 \sim 70mm$，厚为 $3mm$。

如图 2-1-3 所示，钛种板的耳部采用铜钛复合材料，内层为铜，外层为钛，经爆炸焊接而成，该耳子接触点电压低，导电性能好。生产实践证明，铜钛爆炸焊接复合耳结构牢固，一般不易发生松动、电化学腐蚀现象。

钛种板下槽电解之前要进行加工处理，一是表面处理，二是包边（包边在以后的内容里介绍），三是擦耳。由于钛种板表面氧化作用和添加剂的附着，钛种板表面铜皮的析出质量会下降，需要定期打磨钛种板表面。打磨的方法有人工用 0 号砂纸反复摩擦，也有用机械方式及砂轮机打磨方式等，各厂根据生产情况选择不同的打磨方式。钛种板耳子内圆需保持良好的导电性，清洁的耳部，对于降低铜导电棒和耳子之间的接触压降，从而降低电能消耗以及延长耳子的使用寿命有着重要意义。擦耳子时，用直径比耳子内圆稍小的木棒外裹 0 号砂纸经人工反复摩擦，即可将耳子内圆的盐类结晶和铜的氧化膜除去。

经加工后的种板下槽之后应立即通电，如不能立即通电就暂不下槽，以免种板在电解液中浸泡时间长，产生氧化膜而影响电导率。下槽后的种板要找好排列，使种板和阳极板面对称，否则容易引起短路和铜皮析出不均匀，一面薄一面厚，或一边薄一边厚，甚至出现废品。

种板经 12 ~ 24h 电解后，即可出槽。种板电解周期取决于电流密度和铜皮厚度，既要保证铜皮质量，又便于加工。铜皮太薄，制成的阴极易于变形，进入电解槽后影响阴极质量；铜皮太厚，则不易加工制作。始极片质量的好坏，直接影响阴极铜的质量和技术经济指标，所以要求始极片主品位高，表面光滑致密，厚度均匀且适中，四边齐整无损，质地柔软韧性好，便于加工。种板开槽率（种板开槽数占电解槽开槽总数的百分比）与铜的直收率及材料、人工消耗密切相关，一般种板开槽率低于10%。为提高始极片利用率，将极少数析出较差的铜皮用于净化工序的脱铜槽生产。

与生产槽相比，种板槽有比较优越的技术条件，以保证产出合格的始极片。种板槽的生产的特点有：

（1）一般地，要求种板槽系统独立，与生产槽系统分开，有适中的电流密度（比生产槽略低），电流密度不能过低，否则析出的铜皮粗糙、疏松、韧性差；反之则易长粒子，厚薄不均。

（2）种板槽阳极，应选择杂质含量较低、物理规格较好的阳极，防止杂质对电解液的污染和极间短路现象的发生。种板槽阳极周期为生产槽的 1/2 ~ 1/3，以保证阳极面积不致显著减小，引起电流密度的升高和铜皮底边析出的酥脆。种板槽换出的阳极可在生产槽内继续电解。

（3）种板槽添加剂与生产槽有所不同，骨胶的添加量比生产槽大得多，每吨铜达 400 ~ 600g 胶；干酪素加入量较少，以免引起铜皮酥脆，缺乏韧性；硫脲一般不加，或加少量以调整铜皮的硬度。

（4）电解液温度和循环量要适当。温度一般控制在 58 ~ 63℃，温度过低，会影响铜皮析出质量，反之，影响种板包边的使用寿命。循环量一般控制在 18 ~ 25L/min，比生产槽略高。循环量过小，浓差极化加剧，不利于铜在种板上的析出；循环量过大，影响阳极泥沉降，铜皮易长粒子。

（5）电解液组成有更高的要求。含 Cu^{2+} 浓度适当提高，杂质含量控制在较低范围。定期抽液净化量较大，以便杂质及胶的分解产物不致积累。

自 19 世纪末铜电解精炼工艺问世以来，电解精炼生产过程都包含有始极片的生产制作工序。近年来，经试验改革后，永久阴极法（又称 ISA 法）在国外先进厂家中得到推广应用。永久阴极法取消了种板系统即始极片剥离加工制作工序，生产槽阴极采用不锈钢制成，简化了生产工序，但需配备剥离阴极机，投资较高。实践表明，永久阴极法在产品质量、劳动消耗、操作管理上占有优势，将被越来越多的工厂所采用。

C　种板包边

为防止种板两面析出的铜皮黏在一起，无法剥离，在种板三边（左、右、下）离边缘10～15mm处，黏接绝缘材料。常见的有如下几种方法：

（1）环氧树脂贴白布带法。先将种板用 0 号砂纸擦净，再用线头沾丙酮擦去边部的油污等脏物，待丙酮挥发后，涂环氧耐腐蚀漆，放置一天，使其自然固化，再将白布带在环氧树脂涂料中浸透后，黏在涂有底漆的板边上，操作时要压紧，不让布带内有气泡，最后，将配置好的涂料在已包好边的板边上薄薄涂上一层，使其表面整洁，涂好后可放在有暖气、通风条件好的屋子内固化，也可放在电烘箱内固化，经一至两天固化完全后，即可投入生产使用。环氧树脂贴白布配比实例见表 2-1-5。

表 2-1-5　环氧树脂贴白布的配比实例

编　号	组成（质量比）						
	环氧树脂	二丁酯	丙酮	石英粉	乙二胺	二甲苯树脂	磷苯二甲酸酐
配方 1	100	25	—	50	—	100	80
配方 2	100	25	13～14	120	6～7		
配方 3	100	15	40	—	5～6	—	—

该法特点：黏边整齐美观、价格便宜，黏一次种板，可连续使用半个月；缺点是施工较为复杂，工人劳动环境差。此法已经逐渐被淘汰。

（2）塑料夹条。使用材料为聚全氟乙丙烯塑料夹条和工业粘胶带。聚全氟乙丙烯塑料夹条如图 2-1-4 所示。

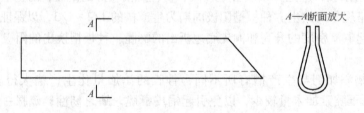

图 2-1-4　种板塑料夹条

首先清除种板表面杂物，将种板用 0 号砂纸打磨干净并擦耳（擦耳操作在前面已作介绍），再用工业粘胶带将种板三边粘好，保证胶带贴齐无气泡，卡上胶条，将伸出夹条外的多余胶带裁掉即可下槽。在生产中，随着胶带纸老化，胶带黏性降低，绝缘性能降低，种板边部逐渐长出铜疙瘩，同时，钛种板板面逐渐氧化，表面产生一层薄膜，影响铜皮析出质量，所以，需要定期抽出部分钛种板，清理包边上长出的铜疙瘩和沉积的铜粉，重新包边。对于变形脱落的塑料夹条，将其放入 90℃以上的热水中烫洗，塑料夹条即可恢复原状继续投入使用。该方法的特点：塑料夹条具有操作方便、工人劳动环境好、产出的铜皮质量好，边部整齐，夹条使用寿命长的特点。虽然一次性投资大，但由于塑料夹条使用寿命长，其价格相对来说仍然很低廉。

（3）聚硫橡胶包边法。此方法是采用聚硫橡胶作黏结剂，用聚氯乙烯薄膜包边，配比见表 2-1-6。

表 2-1-6 聚硫橡胶包聚氯乙烯薄膜配比

组　分	名　称	组成（质量比）
A 组	液态聚硫橡胶	100
	炭黑	40
B 组	活性二氧化锰	4.54
	磷苯二甲酸二丁酯	3.45
	环氧树脂（6101）	4.0
促进剂	二苯胍	0.5~0.8

A 组为基膏，B 组为固化剂。首先配制好 A 组和 B 组，分别包装好，使用时将 A 组、B 组和促进剂按总量比称好，放在盘中用刮刀混合好，再上滚碾机混合均匀，用刮刀将配好的混合料薄薄地涂在干净的母板边上（母板边的处理与上述方法相同），然后覆盖上一层聚氯乙烯塑料薄膜，用手搓好。在常温下放置 4h 以上，然后在 70~80℃蒸汽夹套炉内加热 8h（炉内不得有水蒸气），此后橡胶完全固化，母板即可使用。这种母板边使用寿命为 2~3 个月。

D 阴极加工

从种板上剥离下来的始极片，经过平直、切条、铆耳、穿铜棒的阴极制作过程，方可下到生产槽进行电解，该过程称为阴极加工。一般地，阴极加工有半机械化和机械化两种方式，下面分别介绍。

半机械化加工分几步进行：

（1）始极片的平直。从种板上剥离下来的始极片是不平的，下到电解槽后容易引起短路，因而始极片需加工平直。加工方法是在始极片上加纵向或横向筋。一般厂家只加纵向筋，也有工厂既加纵向筋，又加横向筋。加筋的目的都是使铜皮各部分保持在一个平面上。加筋由压纹机来完成。压纹机对辊上有凹凸槽，始极片经过压纹机压迫后产生纵向筋，要求压纹机对辊凹凸槽深度一致，否则始极片上压出的筋深浅不一，使始极片产生不平直。小工厂没有压纹机，始极片的平直依靠手工完成。手工操作的方法是把铜皮放在平台上，用白钢条在始极片纵向或横向拍打数下，使其生筋，纵向筋一般深度不超过 5mm，横向筋略浅些。横向筋太深，容易积存阳极泥，影响阴极铜质量。

（2）始极片钉耳。平直后的始极片钉上耳子，穿好铜棒，整理后方可下槽。阴极吊耳应选择韧性好，厚度适中的铜皮切制而成。一张阴极有两个吊耳，吊耳宽度由阴极铜的重量而定，阴极重量越大，吊耳应越宽，一般阴极吊耳宽度为 30~50mm。吊耳的长短与电解槽内液面高度、槽间橡胶板厚度、槽间导电板厚度等有关。钉耳的方法有两种，一是将吊耳弯成 U 形后放于阴极上部经钉耳机铆接钉制而成。另一种方法是将吊耳弯成 U 形后把阴极夹住钉制而成。前一种钉耳方法的优点是耳部挂阳极泥少，烫完后的阴极铜耳部以下可能产生一条水印；缺点是阴极表面的垂直度较差，阴极的一面易挂阳极泥。后一种钉耳方法的优点是阴极表面垂直度好，不易挂阳极泥；缺点是耳部夹杂阳极泥较多，耳部以下可能产生两条水印。

为了使吊耳牢固，在阴极下槽的第一天要提溜（用塑料管或橡胶管放在槽头回液管处提高电解液面高度），使吊耳也进行电解，让吊耳和始极片牢固地结合在一起；到出槽前一天压溜（降低电解液面高度），防止耳部长期酸浸和耳部上下厚度差太大而发生折损断耳。提溜、压溜时间可根据生产实际情况而调整。

吊耳的制作，一般采用剪板机，先将铜皮沿横向按吊耳长度切成小张铜皮，然后再将小张铜皮沿纵向用切条机按吊耳的宽度切成合乎规格的吊耳。

制作好的阴极应符合如下要求：板面平直，弯曲度不超过 10mm，两耳铆接牢固、垂直、无刺，两耳距铜皮上沿长度一致，两耳距侧边距离相等。制作好的阴极如图 2-1-5 所示。

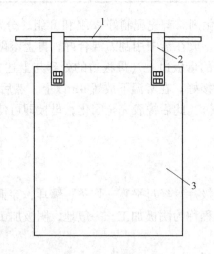

图 2-1-5 阴极

1—阴极导电棒；2—吊耳；3—铜皮

目前，国外许多铜精炼厂家及我国的贵溪冶炼厂、白银冶炼厂等阴极加工制作已采取机械化作业，用阴极联动机组来生产阴极。阴极联动机组的生产过程如图 2-1-6 所示。表 2-1-7 为国内外一些工厂阴极制作联动机组性能比较表。

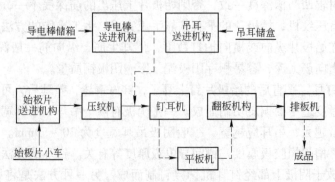

图 2-1-6 阴极制作联动机组加工过程示意图

表 2-1-7　国内外各厂阴极制作联动机组性能比较

项 目	芬兰波里	日本直岛	日本玉野	中国1厂	中国2厂	中国3厂
能力 /片·h⁻¹	600	450	—	500	450	600
始极片尺寸（长×宽×厚）/mm×mm×mm	950×950 ×0.6	1000×1000 ×0.7	1000×1000 ×0.6	660×720 ×0.5	800×820 ×0.5	740×780 ×(0.5~0.7)
送 片	转臂式 真空吸片	料台 真空吸片	真空吸片	提升料车 真空吸片	提升料车 真空吸片	提升料车 真空吸片
直平压纹	多辊平直 压纹	先铆耳 后液压	液压	四辊压纹 机械拍平	四辊压纹 机械拍平	四辊压纹 机械拍平
送 棒	后送棒方式	运输送棒	输送机送棒	人工排列 机械喂入	储棒箱	储棒箱
铆 耳	液压后铆耳	吊攀直下 液压铆耳	机械式	机械式	机械式	机械式
翻 板	摆动式	转臂式	—	转动式	转动式	转动式
排 板	双排链式	链 式	链 式	人 工	人 工	人 工
极距/mm	105	97	100	70~80	100	75

金川公司使用由南昌有色冶金设计研究院推出的阴极联动加工机组。该机组包括辊道输送机、真空吸附及移送装置、整形装置、步进装配台、吊耳供给装置、钉耳机、翻板机、提升机、排列输送机、液压系统及控压机等部件。

通过机组可完成变形的始极片矫正、压纹、穿棒、铆接吊耳及定间距排列等工作。阴极联动机组作业过程一般为：吊车将装有始极片的储箱吊上输送轨道，在输送轨道的取板位置，始极片从箱内被吸出，并送入整形装置。整形装置将始极片平板、轧纹和校正。吊耳从吊耳箱内被吸出送入装配台，同时，导电棒则由导电棒储运机组送入装配台，三者经装配后成为阴极板，通过翻板机将阴极板转成垂直悬挂状态。提升输送机将阴极板逐块提升至排板输送机上进行排板，排板输送机按105mm间距将阴极板排列好，待吊车吊往电解槽。

阴极铜洗涤机组包括：受板链运机、洗涤链运机、洗涤水喷淋系统及循环装置、密集装置、抽棒装置、倾转装置、输出链运机、液压系统、控制系统等部件。

作业过程一般为：吊车将整槽阴极铜吊入机组受板链运机，受板链运机将电铜转运至洗涤链运机，洗涤链运机将阴极铜拉开距离，以利于喷头冲洗，冲洗水温应控制在75~90℃，由水泵加压循环使用，经洗涤后的阴极铜由密集装置按每垛18块密集后送至抽棒装置进行抽棒。导电棒抽出后由辊道送入导电棒储运机组，经抽棒后的阴极铜由倾转装置将其旋转90°放平，最后由输出链运机送出，并自动称量，自动穿带，人工打夹扣后，由叉车运走。

导电棒储运机组包括：接受辊道输送电铜、导电棒几种推出装置、导电棒升降装置、移送台车、储存升降机、输出输送机、导电棒供给装置等部件。

作业过程一般为：电铜洗涤机组集中抽出的导电棒通过接受辊道输送机，由导电棒集中推出装置推到导电棒升降装置上，导电棒升降装置下降后将导电棒卸至移送台车上，移送台车或者将导电棒运至储存工位，然后储存在储存工位上，或者将导电棒运至输出工位将导电棒卸到输出输送机上，经过导电棒供给装置逐根送入始极片加工机组。

E　出装槽作业

电解槽内装好阴极、阳极、电解液，让阳极泥稍沉降一定时间，电解槽内技术条件稳定以后，就可以通直流电，电解正式开始。随着阴极的析出并不断地加厚，变成阴极铜，阳极不断溶解逐步变为残极，阳极泥不断脱落，槽底阳极泥层也越来越厚，到了一定时间就需更新处理。一般把更新阴极、阳极，获得产品阴极铜，刷洗电解槽的操作称为出装槽作业。

阴、阳极的吊出和刷洗电解槽是有一定规律的。阳极周期在前面已经讲过，而阴极的周期与电流密度、阳极质量、阴极析出质量以及劳动组织等因素有关，一般为 4～12 天。阴、阳极周期越短，出装槽作业越频繁，增加了人力和能源消耗，但阴、阳极周期太长，除了影响阴极铜质量外，还使生产资金占用额增加。

出装槽作业有出单极和两极之分。出单极是指出阴极，比较简单，作业时间较短。首先将要出装的电解槽两侧的槽间导电板端头和横电的导电板清擦干净，然后横上电或利用短路开关将要出槽的电解槽整列断电，使该槽短路，配合吊车将该槽阴极吊出，略停顿，使大部分附在阴极上的电解液控干净，将整架阴极铜送到阴极铜烫洗槽中烫净表面电解液，再经二次烫洗，提出后经检验、擦板、检斤入库或在电铜洗涤机组中用高压热水将其表面黏附的酸液洗涤下来后抽棒、堆垛打包、称重、入库，待阴极铜化学成分化验出来后即可出售。出完阴极的电解槽，擦净槽间导电板，把准备好的阴极下入槽中，找好阴极排列，待阳极泥沉降一定时间，即可撤下横电棒通电或将短路开关断开通电。

两极的出装则比较复杂，作业时间也比较长。首先将要出装的一组电解槽的横电导电板端头和横电板擦干净，将该组电解槽横电或利用短路开关将要出槽的电解槽整列断电，并关闭电解液循环，将阴极按上述出装槽程序处理，再把阳极全部吊出，略停顿，吊至残极冲洗槽进行冲洗，将附在残极上的阳极泥冲净，阳极泥回收。经冲洗后的残极要进行挑选，板面完整，厚度足够在电解槽中电解一天以上的残极都要挑出来码放整齐留作备用，以降低残极率，不能继续使用的残极返回火法。对于大极板的生产，则利用专用吊车将阴、阳极一同吊出，阴极送到阴极铜洗涤机组，残极经冲洗后送到残极机组，打包后返火法入炉。

出两极的作业中，出完阴极后，即可小堵放电解液。把上层清洁的电解液放回上清液槽继续参加电解液的循环。两极都出完后，堵上小堵塞，然后拔大堵，放出阳极泥，经阳极泥溜槽流至阳极泥地坑。掉在槽底的铜疙瘩、铜屑、残极残片等铜料要单独清理出来送火法。槽底粘有的阳极泥用少量电解液或清水冲净，最后堵上大堵。堵大小堵前，事先要将胶圈检查好，防止堵不严漏电解液。上述作业称为刷槽。

刷完槽后，把槽间导电板用钢丝刷刷干净，把橡胶板上的铜粒子和其他脏物清理干净，就可以装槽了。先装阳极，找好阳极极距，然后照大耳，用手电筒逐片检查阳极排列上下距离是否相等，对上下距离不相等的阳极用卷好的铜片将其耳部垫上，使阳极上下距离相等。阳极装好后再装阴极，找好排列，使阴、阳极板面对齐。对于大极板生产，则专用吊车分别将经过阳极机组中整形、压平、铣削、按一定极距排好板后的阳极板和通过始极片机组中压平、压纹、挂耳、穿棒完毕后的阴极板直接吊到电解槽上。检查出装到位后，把电解液循环打开，待电解槽装满电解液后，撤掉横电板或将短路开关断电。横电、通电时间都要做好生产原始记录，以便计算电效。至此，整个出装槽作业结束。

残极冲洗槽、阴极铜烫洗槽一般为不锈钢制作。残极冲洗槽里配有喷淋装置，用以冲洗残极上的阳极泥。目前国外许多工厂、国内贵溪冶炼厂采用阴极铜喷淋烫洗机和残极洗涤机，节省了人力，提高了工效。

F　槽面管理

在电解过程中，由于阴极与阳极距离较近及其他各种原因，在阴极上可能长粒子（阴极长粒子的原因将在 2.1.4.2 节作详细介绍），或者因阴极弯曲、阳极鼓包及飞边毛刺等，使阴、阳极间产生短路。短路会使电效降低，电耗升高，影响阴极析出质量。为此，要加强槽面管理，及时发现阴极表面长粒子和极间短路，予以处理。

短路检测方法，国内有手摸和干簧管检测两种方法。手摸，是靠手感觉阴极导电棒温度来判断是否短路或烧板。短路的阴极通过电流大，放热多，阴极导电棒温度较高。"凉烧板"的阴极由于无电流通过或通过的电流很小，所以阴极导电棒的温度低。

短路检测表是一种简单的电磁仪表，其基本元件是一个 JAG 型号的干式舌簧继电器，用导线将干簧管继电器、指示灯串联起来，其结构如图 2-1-7 所示。干簧管继电器的特性是当其处于放大磁场内时，元件中的两片舌簧即能闭合，从而将电路接通。若检测表在槽上检查时经过了短路的阴极板导电棒上方，由于这个阴极短路通过了较大电流，在导电棒周围产生了较强的磁场，从而使干簧继电器的两个舌片闭合，使指示灯明亮。但是对于小型铜电解来说，由于开动电流小，每一个阴极分配的电流也不会太大，产生的磁场强度较弱，不足以使两个舌片闭合。在这种情况下可以采用附加永久磁铁的办法，即在检测表上附加一块永久磁铁，使其磁场方向与阴极导电棒产生的磁场方向一致，使两个磁场强度叠加，从而增大了总的磁场强度，这样就可以使检测表扩大应用范围。

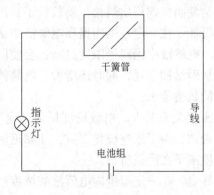

图 2-1-7　干簧管电路图

检测出来的短路或"凉烧板"的电极应及时处理。处理时要将短路的阴极轻轻提出，视其情况采取不同方法进行处理。若是因长疙瘩引起短路，则需用手锤将疙瘩打掉；若是由于阴极弯曲所致，则需将其平直后放入槽中；如果是因阳极倾斜，需用手锤敲打耳部，矫正位置；若是因接触不良，则需擦净接触点，使其导电良好。

国外大部分工厂的短路检测已采用了自动检测装置。美国的马格马公司有短路监控系统，主机是由 7100 号电子计算机、槽电压、串槽电压和 1008 个电解槽的毫伏读数一共有 2088 个"地址"输入计算机，扫描和处理共花七分钟。日本日光厂、小名滨厂和美国的南方电线公司均用红外线扫描器检测短路。到 2002 年，我国江铜在 ISA 法生产线上已经采用红外线短路监控系统，其位置设置在吊车上，由于价格昂贵等因素，尚未被其他阴极铜生产厂家使用。随着我国铜冶炼工业的发展，这种自动化装置不久也将在我国普及。

电解槽的槽面管理是铜电解生产中的一项重要的管理工作，这项工作除了检测短路外，还要重点抓好以下几个方面的管理：

（1）检查和调整好循环量。

（2）检查和调整好液温。

（3）检测槽电压。

（4）观察阴极状况，随时掌握各种添加剂的用量情况。

（5）保持槽面清洁，及时浇水，使接触点干净无硫酸铜。

（6）根据出装槽计划，及时提溜、压溜。

2.1.3　电解技术条件

2.1.3.1　电解液组成

电解液为硫酸铜和硫酸的水溶液，电解液的成分与阴极铜的质量有着密切的关系，其组成的选择与阳极成分、电流密度和电解的技术条件有关。通常所说的电解液的组成主要是指铜、硫酸和杂质含量等。溶液中杂质允许含量见表 2-1-8。

表 2-1-8　铜电解液中有害杂质允许含量　　　　　　　　　　　　　　（g/L）

元　素	Ni	As	Fe	Sb	Bi	Zn
含　量	<15	<7	<3	<0.6	<0.5	<20

电解液中铜含量过低，会使阴极铜析出疏松，易长粒子，严重时甚至成粉末状，还有使砷、锑、铋等杂质析出的可能。在一定范围内提高电解液中铜离子含量，可使阴极的沉积物致密，提高阴极铜质量。电解液中铜离子浓度过高，会使阴极的结晶变得粗糙，增大电解液的电阻，增大槽电压从而增加电耗，同时还增大了电解液的密度和黏度，不利于阳极泥的沉降，使阴极长粒子的机会增加。

电解液的铜含量与电流密度关系甚大。电流密度低时，电解液铜含量可低些，反之，电解液铜含量应适当升高，否则，由于浓差极化严重，使靠近阴极板面的电解液出现铜离子贫化的现象，从而导致杂质离子在阴极析出。

电解液内主要靠氢离子导电，在一定范围内电解液酸浓度越高，导电性越好，还可以降低槽电压；若酸浓度过高，由于电离度降低，反而降低电导率，而且酸浓度较高的溶液送净化工段，进行净液处理时，使净化各工序酸浓度升高，加剧了设备的腐蚀，增加了生产成本。

电解液的杂质含量低不仅对阴极铜质量有好处，而且能降低电解液的电阻，从而降低电耗，但杂质含量过低将增加净液费用，所以在一般电解生产过程中，对阴极质量威胁比较大、与铜电位比较接近的砷、锑、铋等杂质含量要求比较严格，其他杂质含量可适当放宽，不会对阴极铜质量有大的影响。

随着电解过程的进行，电解液的成分在不断发生变化。比如：

（1）根据法拉第定律，当一定量电流通过电解槽时，在阴极上析出的和阳极上溶解的金属（物质的量）是相等的。由于阴极铜含量高于阳极铜含量，故铜的溶解速度小于析出速度，电解液中 Cu^{2+} 的浓度应降低。

（2）阳极钝化现象使阳极电化学溶解的速度减慢，电解液中 Cu^{2+} 浓度降低。

（3）电解液中氧的存在，使电极产生化学溶解，使 Cu^{2+} 浓度增加，酸浓度降低。

（4）电解液温度的升高，促使铜溶解，Cu^{2+} 浓度升高。

（5）极间短路，使阴极析出速度减慢，Cu^{2+} 浓度升高。

（6）漏电使阳极板通过电流大于阴极通过的电流，溶解速度超过析出速度，使 Cu^{2+} 浓度增加。

（7）阳极中可溶性杂质的电化学溶解要消耗硫酸，使电解液中硫酸浓度降低；随着电解液的蒸发，酸也蒸发，硫酸浓度降低。

（8）残极冲洗槽、阳极泡洗槽、阴极铜烫洗槽内回收的溶液，使电解液中酸和铜浓度升高。

以上变化总趋势是电解液浓度不断升高，硫酸的浓度不断下降，杂质含量逐渐积累。为获得优质的阴极铜，根据溶液成分的化验分析结果，定期抽出溶液去净化，并补充溶液中的酸，及时调整溶液成分，使之处于受控范围。如果铜的增长速度过快，还应在生产槽系统增加脱铜槽，以降低溶液中的 Cu^{2+} 浓度。

2.1.3.2　电解液温度

在铜电解生产过程中，为保证阴极铜质量，电解液需要维持适当温度。在一定范围内，提高电解液温度有如下好处：

（1）电解过程中，阳极区域的 Cu^{2+} 不断增加，阴极区域的 Cu^{2+} 不断降低，造成浓差极化，使极化电位升高。提高电解液的温度，加快电解液中 Cu^{2+} 扩散速度，能降低浓差极化的作用，降低槽电压，有利于节约电能，改善阴极铜质量。

（2）电解液电导率随着温度的升高而增大。电解液在55℃时的电导率比25℃时极化的电导率大2.5倍，在50～60℃之间，温度每升高1℃，电解液电阻减小0.7%。提高电解液温度，能降低电解液电阻，降低槽电压，从而降低电能消耗。

（3）提高温度可减小电解液的黏度和密度，有利于阳极泥沉降，减少贵金属损失，减轻阳极泥对阴极铜质量的影响。

（4）提高电解液温度可以减轻或消除阳极钝化现象。

提高电解液温度，有以下不利的方面：

（1）电解液温度高，电解液蒸发量增大，使现场酸雾增大，加剧设备和厂房建筑的腐蚀，恶化了劳动条件，同时也增大酸耗。

（2）增大阴极铜的蒸气单耗。

（3）使化学溶解加剧，电解液 Cu^{2+} 浓度升高，阴极电流效率下降。

（4）使反应 $2Cu^+ = Cu^{2+} + Cu$ 向左移动，电解液铜含量增加。

电解液流经一个电解槽时，在通电情况下，平均温度下降 2~5℃，说明电解液的散热损失是很大的。补偿电解液温度的热源：一是电解过程中通电产生的焦耳热；二是蒸汽加热。

电流通过电解槽内产生的焦耳热计算如下：

$$Q = 0.24I \times 2Rt$$

式中　Q——热量，cal（1cal = 4.18J）；

　　　I——电流，A；

　　　R——电解液、阳极、阴极电阻之和，Ω；

　　　t——通电时间，s；

　0.24——常数。

由上式可知，电流越大，产生的焦耳热越多，相应地，靠蒸汽加热的部分就可以减少。

在生产过程中，为了充分利用提高电解液温度给生产带来的好处，而且尽量减少因升温而产生的不利影响，许多工厂采用电解液覆盖层。高位槽、循环槽均采用不锈钢罩封闭，循环槽内电解液蒸发量大，其槽盖需配通风装置。电解槽覆盖方式较多，一般有油膜、聚苯乙烯泡沫塑料浮子、聚丙烯透气性塑料编织布、人造纤维帆布等。有的工厂对槽壁也进行保温。这些保温措施能大大降低蒸汽单耗。节能工作做得好的工厂吨铜蒸汽单耗可控制在 200kg 以下，但这些措施都有一定的局限性，在生产中可根据生产实际情况，选择性地采用。

2.1.3.3　电解液循环

在电解精炼过程中产生电极极化和浓差极化，由于极化作用的结果，产生反电动势，使槽电压升高，电能消耗增加。另外，在电解过程中，由于阳极附近电解液铜含量高，酸浓度低，密度增大而下沉；阴极附近的电解液酸浓度高，铜含量低，密度小而上浮。上下层电解液的成分差异很大，上层电解液的导电性较好，电流通过得多，析出疏松、发红，甚至形成黑色沉积物造成废板。下部电解液 Cu^{2+} 浓度较大，易在阳极下部出现硫酸铜结晶。

上述矛盾主要依赖电解液循环来解决，适当提高电解液温度也可解决一部分问题。通过电解液循环，对溶液起到搅拌作用，使电解槽中各部位的电解液成分更趋于一致，并将热量和添加剂传递到槽中。

循环量的大小与阳极板成分、电流密度、电解液温度及电解槽容积等有关。阳极杂质含量高，阳极泥量大，循环量应控制在较小的范围，以免将阳极泥搅拌起后黏附到阴极板上，造成长粒子，但循环量过小，则传递热量和输送添加剂的效果不好。在较高的电流密度下，阳极铜的溶解和阴极铜的析出速度都加快，浓差极化较严重，循环量应控制较大些，反之亦然。电解液温度高，循环量则可小些。

电解槽容积越大，每槽电解液循环一次所需的时间越长，同一槽内溶液的温度梯度就大，添加剂补充迟缓，一般每槽电解液更换一次的时间，在 1.5~3.0h 左右，循环量约为 15~30L/(min·槽)。一般电流密度与电解液循环速度的关系见表 2-1-9。

表 2-1-9　一般电流密度与电解液循环速度的关系

电流密度/A·m^{-2}	168	188	194	205	251	284
循环速度/L·min^{-1}	15	18	18	20.5	22.5	27

目前，国内工厂电解液循环有两种方式：

（1）上进液下出液的循环方式，见图 2-1-8。电解液从电解槽一端上方进入，由下方经过导流板流出。优点：液体流动方向与阳极泥沉降方向一致，有利于阳极泥沉降，减少阳极泥对阴极铜质量的影响，减少贵金属的损失。缺点：液面悬浮物不能流走，在冬季，电解液表面温度不如下进液上出液的循环方式易维持。

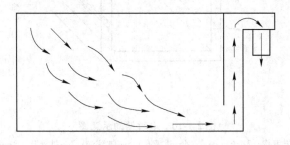

图 2-1-8　上进液下出液循环示意图

（2）下进液上出液方式，见图 2-1-9。电解液从电解槽一端通过导流板，由下方进入槽中。优点：电解液充分混合，减少浓差极化，浮在液面上的悬浮物易从流液口溢出。缺点：电解液流动方向与阳极泥沉降方向相反，不利于阳极泥沉降，影响阴极铜质量，增加贵金属损失。

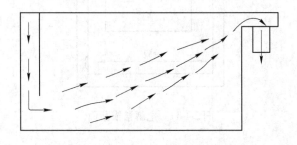

图 2-1-9　下进液上出液循环示意图

循环方式的选择依据是：阳极成分、阳极泥含贵金属的量、漂浮杂质的量。

上述两种循环方式的溶液流向都与电极垂直，阴、阳极阻碍了电解液的循环。以下两种循环方式避免了上述不足之处。

（1）"渠道式"：电解槽内电解液沿与电极平行的方向流动。特点：不仅使阳极和阴极附近的离子扩散过程得到改善，而且只要电解液流动足够迅速均匀，即可将阳极板上形成的阳极泥迅速带出槽外，并可清洗阳极表面，使其不受阳极泥的污染。

（2）平行环流式：如图2-1-10、图2-1-11所示，电解液由电解槽两侧壁下部的内槽供给，经对着阳极的小孔给入槽内，流至排出口附近的电解液，从槽子两侧壁下部的排液孔经排液沟排出。特点有：1）对电极来说，电解液是从平行方向给入、流动和流出的。2）选择适当的给液孔和排液孔直径，可以做到向槽内各电极供给均匀而足够的电解液。3）电解液内的温度、溶液成分、添加剂成分分布都很均匀。

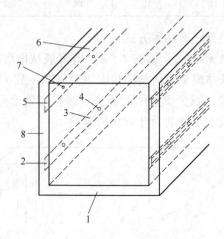

图2-1-10　电解槽的示意图
1—槽体；2—进液沟；3，6—沟盖；4—进液孔；5—排液沟；7—排液孔；8—聚氯乙烯内衬

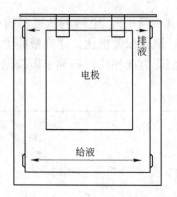

图2-1-11　电解槽横断面

2.1.3.4　添加剂

随着现代工业的发展，工业对阴极铜的质量要求愈来愈高。阴极铜质量的好坏，主要取决于它们的组织结构和杂质含量。在电解过程中，需要严格控制各项技术条件。

添加剂是一项控制阴极铜质量的重要因素，一般来讲，"没有添加剂，就没有现代铜电解工业"，可见添加剂在铜电解生产中的重要地位。适量的添加剂可使阴极铜结构致密、表面光滑、杂质含量少。阴极沉淀物结晶颗粒的大小，与晶粒之间的联系紧密程度有关；当阴极结晶颗粒粗糙时，其结晶之间的联系松弛、间隙较大，间隙内易黏附一些杂质，造成阴极铜杂质含量增加；当颗粒为细而致密的沉积构造时，则可以避免这些污染现象的发生。

添加剂的作用机理，目前有两种观点，一种观点认为：添加剂和放电的金属离子形成一种胶体的配合物，金属离子从这种配合物中放电受阻滞，因此提高了阴极的极化作用。另一种观点认为：添加剂在阴极表面形成局部或整个连续的吸附性薄膜，结果使金属离子扩散到阴极表面的电极反应困难，产生一定的浓差极化和化学极化作用，促使结晶细化。

目前铜电解工厂使用的各种添加剂有骨胶、硫脲、干酪素、盐酸等，另外，有的工厂还使用木质磺酸钠、木质磺酸钙、木质磺酸铁、硫酸铵、阿维同-A、HHG 等，以其产生的作用分类，有五种类型：

（1）电析粒子细，电析面平滑，阴极电位下降（如硫脲）；

（2）电析面平滑，阴极电位升高（如骨胶）；

（3）结晶粒子大，电析面平滑，阴极电位下降（如阿维同-A）；

（4）粒子极大，电析面不平滑（属有害添加剂）；

（5）粒子极小，电析面不平滑（属有害添加剂）。

国内外电解工厂都采用混合添加剂，使其作用互相配合，互相补充，更有效地发挥添加剂的作用。添加剂的选择及用量须根据各厂的具体条件，如阳极成分、电流密度、电解液成分等因素，举例见表 2-1-10。

表 2-1-10　国内外各厂吨铜添加剂用量 （g）

添加剂	国　内			国　外		
	1 厂	2 厂	3 厂	1 厂	2 厂	3 厂
骨　胶	15 ~ 20	30 ~ 40	30 ~ 40	40	50	30
硫　脲	20 ~ 30	30 ~ 40	20 ~ 30		20	30
干酪素	20 ~ 30	15 ~ 20				

常用几种添加剂分别介绍如下：

（1）胶是一种蛋白质，其结构仅能表示为：

$$NH_2 - \underset{\underset{R_2}{|}}{\overset{\overset{COOH}{|}}{C}} - H \quad （R 为巨分子）$$

胶分为：骨胶和明胶两种。

明胶：由动物的皮或骨经熬煮而得到的蛋白质，呈淡黄色透明或半透明的薄片或粉状，无味、无嗅。在冷水中浸泡膨胀后，用 55 ~ 60℃水可使明胶溶解。在干燥情况下明胶能长期储藏，但遇湿空气受潮后很容易受细菌作用而变质。

骨胶：其生产原料与明胶相同，有效成分较低，杂质含量较高，为金黄色半透明固体，呈颗粒、片或粉末状，无特殊气味，无挥发性，不溶于有机溶剂中，但溶于有机酸中，易受水分、温度、湿度影响而变质。

　　胶是铜电解的基本添加剂，能促使获得结晶细小，表面光滑的阴极铜，有较强的抑制疙瘩的作用。胶在酸性介质中，被离解成阳离子（胶质根），在电源的作用下移向阴极，并在阴极上放电，随即吸附在阴极上。在电力线集中的地方（疙瘩的凸出部位），胶在该处被吸附的就越多，电阻变大，阻碍 Cu^{2+} 析出。另外，由于它的表面吸附作用，能降低微晶的增长速度，有利于新晶核的产生，从而获得致密平整，结晶极为细小的阴极铜。

　　胶在酸性电解液中，即使在不通电的情况下，在一定温度下也会分解消失。检修后重新开始生产时，除正常添加剂量外，要补加底胶。有实验表明，胶的分解与 Cu^{2+} 无关，主要受硫酸的影响。氯离子的存在，也促进电解液中胶的分解。

　　胶富集的特征是在阴极铜表面形成六面体结晶，较粗糙，表面铜粒子硬而韧，疙瘩不易脱落；胶贫乏的特征是阴极铜较软，小疙瘩明显失去控制，敲打时阴极发出"扑扑"响声，析出较粗糙。种板缺胶，铜皮底部、侧部明显发酥、发脆；如胶量适宜，则铜皮韧性好。

　　（2）硫脲分子式为 $(NH_2)_2CS$，是一种白色而有光泽的晶体，密度为 $1.405g/cm^3$，溶解于水，也可与干酪素一起溶解于 NaOH 水溶液中。硫脲在铜电解结晶过程中的作用机理，有许多不同说法，普遍认为，硫脲之所以能降低阴极极化作用，是在阴极上生成硫化亚铜（Cu_2S）微粒，作为补充的结晶中心，有利于阴极结晶变细，板面致密，起到细化结晶的作用。

　　在电解过程中，硫脲加入量适当，阴极铜呈玫瑰红色，表面结晶致密，有细的定向结晶引起的平行细条纹，敲击时发出铿锵清脆的响声。如果铜皮原先有疙瘩，在硫脲适当时也会受到抑制，处理短路时疙瘩不发黏，一击便落。硫脲过量时，其条纹明显增粗，阴极铜表面疙瘩增多，颜色发暗，缺乏金属光泽。国内工厂吨铜硫脲加入量控制在 16~60g 范围内。

　　（3）干酪素是牛奶制作产品之一，是一种良好的表面活性有机高分子蛋白质添加剂。干酪素的相对分子质量高达 75000~375000，不溶于水，溶于酸碱性溶液。溶液碱性愈强则溶解速度越快。一般溶解干酪素用10%的苛性钠水溶液，搅拌溶解，至溶液中无颗粒为止，再用水稀释至 1~2g/L 的浓度，即可加入电解液中。溶解后的干酪素在电解时趋向阴极金属表面，在尖角、疙瘩处最先吸附，覆盖于阴极表面，降低了电导率而达到抑制疙瘩、细化结晶的目的。胶与干酪素的混合添加剂，不仅对电解液中漂浮阳极泥有凝聚作用，还有强烈的抑制铜表面粒子的作用。

　　干酪素不像骨胶那样增大液体黏度和阴极电位，也不像硫脲那样容易积累而造成析出恶化，它是一种良好的缓冲添加剂，可以用它来减少骨胶、硫脲的加入量。干酪素过量时阴、阳极上有白色干酪素胶膜沉淀，且阳极泥过滤困难；干酪素贫乏时，阴极铜析出粗糙。一般吨铜干酪素的加入量为 20~60g。

　　（4）在电解液中加入盐酸，可使其中银离子生成氯化银沉淀而进入阳极泥，减少贵金属的损失，盐酸也使砷、锑、铋对阴极铜的危害减小，它还是阳极钝化膜的活性剂，能减轻阳极钝化现象。

　　某厂通过对阴极极化曲线的测定，认为每增加氯离子 20mg/L，可降低阴极极化电位 40mV，因而可减少砷、锑、铋的危害。

　　盐酸加入量，视阳极成分、杂质含量而决定，一般认为氯离子控制在 0.04~0.1g/L

为好，超出此范围，则产生尖锐状的粒子。

（5）阿维同-A 是一种国外进口的产品。在电解过程中，阿维同-A 产生聚合作用，与胶一起协同作用，增加胶的作用强度。单独使用阿维同-A 对阴极铜不构成添加剂。

其作用机理可能是：胶在酸性溶液里形成正离子，阿维同-A 为负离子表面活性剂与之反应，这种反应使胶作用增强，因而作用强度也增大。由于环保的原因，目前发达国家已经停止生产，阿维同-A 的替代产品正在研究与开发应用中。

以上介绍的几种添加剂，其加入方法有勺加、滴加、自动加入三种。自动加入方法较多，采用自动加胶机，添加剂浓度稀释均匀，絮凝作用小，机械损失小，工人劳动条件较好。加药机应随时观察，及时清洗，保证管路、阀门畅通。

2.1.3.5　电流密度

在单位电极表面通过的电流强度，称为电流密度（J）。电流密度有阴极电流密度和阳极电流密度之分，因为阴极面积比阳极面积大，所以阴极电流密度小于阳极的电流密度。阴极电流密度大小对生产影响较大，较直接，所以在生产中都使用阴极电流密度。生产中所说电流密度，如果不特殊说明，均指阴极电流密度，其单位为 A/m^2（安培/米²）。

电流密度是铜电解精炼过程中主要的技术条件之一。提高电流密度，可以在基本不增加基建投资、不增加设备的条件下提高产量。提高电流密度的同时，必须相应地改变添加剂的使用情况及其他技术条件，以适应高电流密度的生产要求。但电流密度过高，电能消耗、贵金属损失将会增加，阴极铜的析出会恶化。电流密度与电能消耗、贵金属损失、阴极铜质量、阴极铜成本之间存在如下关系：

（1）电流密度与电能消耗的关系。以一个电解槽为例。电解过程中所消耗的电能，就是电流在电解过程中所做的功。其公式表示为：

$$P = UI$$

式中　P——电解过程中电能消耗；

　　　I——通过电解槽的电流强度；

　　　U——槽电压。

根据电流密度的定义：

$$J = I/S$$

式中　J——电流密度；

　　　I——电流强度；

　　　S——阴极单面面积。

由上面两式可得：

$$P = JSU$$

其中，S 不变，因而电能消耗随电流密度和槽电压的升高而增大。槽电压可由下式表示：

$$U = U_极 + IR_1 + IR_2$$

式中　U——电解槽槽电压；

$U_极$——极化电位；

IR_1——电解液电阻引起的电压降；

IR_2——阴、阳极与导电板及导电棒等接触点的电阻引起的电压降；

I——通过电解槽的电流强度。

从式中可以看出，当电流密度 J 增加时，$U_极$、IR_1、IR_2 都将增大，所以槽电压必然增大。

综上所述，当电流密度增加时，槽电压增大，相应地使电能消耗增加。

（2）电流密度与贵金属及有价金属损失的关系。提高电流密度，随之要增大电解液的循环速度，使电解液中阳极泥的沉降速度减慢，电流在阴、阳极间形成的磁场强度增强，促使阳极泥的沉降速度减慢，这样，增加了电解液总悬浮阳极泥的量，而在高电流密度下，促使阳极不均匀溶解及阴极不均匀沉积的一些因素会得到加强，所产阴极表面比较粗糙。以上两个因素使阳极泥机械黏附于阴极的可能性增加，造成贵金属及阳极泥的其他有价金属的损失，并随着电流密度的提高而显著地增加，其关系见图 2-1-12。

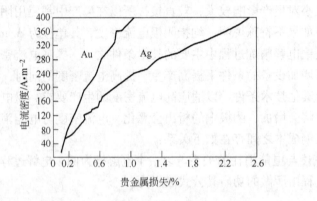

图 2-1-12　贵金属损失与电流密度的关系

（3）电流密度与阴极铜析出质量的关系。提高电流密度，使阴极附近的电解液铜浓度贫化速度加剧，若铜离子浓度得不到迅速补充，则引起电解液中的杂质砷、锑等的共同放电，因此，高电流密度下生产的阴极铜表面比较粗糙。它不仅易于黏附阳极泥，而且易于在粗糙的凸瘤粒子之间夹杂电解液，使阴极铜中的镍、铁、锌及其他杂质含量都有升高的现象。

因此，在高电流密度下，必须相应地改变添加剂的使用情况及其他技术条件，以适应高电流密度的生产要求。

（4）电流密度与阴极铜成本的关系。选择电流密度，既要考虑技术条件，又要考虑经济条件。技术上不会引起阳极钝化又能保证阴极铜质量的最大电流密度称为允许电流密度，在允许电流密度范围内经济上最合理的称为经济电流密度。

前面介绍过，提高电流密度可以增加产量，但也增大电能消耗及金银损失。由于产量增加，单位产品的劳动工资和维修费则相应减少，电能增加使电解液中焦耳热增大，相应地减少加热电解液的蒸汽消耗。归纳起来，可以得到电流密度与生产成本的曲线关系，见图 2-1-13，图中经济电流密度为 $220 \sim 230 A/m^2$。

国外采用高电流密度（$300 A/m^2$ 以上）多是运用周期反向电流的电解技术。周期反向

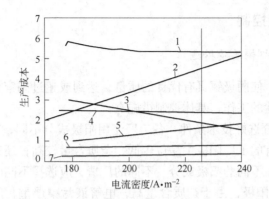

图 2-1-13　铜的生产成本与电流密度的关系

1—成本总计；2—电费；3—维修费；4—蒸汽费用；5—劳动工资；6—金的损失；7—银的损失

电流电解的方法是，在通过较高电流的情况下，每隔一段时间，在瞬间内将通过电解槽的电流反向通一段时间，即使阳极变成负极，使阴极变成正极，然后再正向通电。反向电流与正向电流等值，反向通电时间为正向通电时间的 1/20，通常是 10s∶200s，其中换向时间 0.4s，由于电流周期性反向，就可以防止阳极附近铜离子的饱和与过饱和状态。从电流的情况可知，周期反向电解使电耗升高，在电力比较紧张/电价较高的地区，不宜采用。

2.1.3.6　同极中心距

同极中心距简称极距，指槽内相邻阴极或阳极中心之间的距离。极距对电解过程的技术指标和阴极铜的质量都有很大影响。

缩短极距的优点：

（1）减少电解液的电压降，从而降低电耗。

（2）增加槽内的阴、阳极片数，提高设备生产率。

缩短极距的缺点：

（1）使阳极泥在沉降过程附着在阴极表面的几率增多，增大贵金属的损失，降低了产品质量。

（2）使电解槽内短路增多，降低了电流效率，增加了查槽岗位的劳动强度。

选择极距，应根据阳极的成分、规格、电流密度等因素多方面综合考虑，国内工厂选择极距一般为 70~100mm，国外许多工厂由于电流密度高，选择极距在 90~110mm 之间。

阳极周期根据电流密度、阳极重量和残极率来决定，一般选择在 12~24 天内。阳极周期越长，阳极在电解槽内滞留时间越长，影响资金周转。阳极周期越短，出装槽作业频繁，增加出装槽的工作任务量。根据阳极的物理规格和化学成分，选择适当阳极周期和残极率，有利于提高阴极铜质量。种板槽为了保证始极片质量，保证阳极板在种板槽内后期的尺寸，一般比生产槽阳极周期短两个阴极周期。

阴极周期与阳极质量、阴极铜质量要求、电流密度和劳动组织等因素有关。阳极杂质含量少，或电流密度低者，可选择较长的阴极周期；阳极杂质含量高或电流密度高者，可选择较短的阴极周期，以保证阴极铜质量。阴极周期一般为 4~12 天。

2.1.4   阴极铜质量控制

2.1.4.1   控制阴极铜质量措施

控制阴极铜质量，使阴极铜具有优良的质量，达到或超过国家标准阴极铜、高纯阴极铜标准，是一项综合性的工作，具体控制措施有：

（1）根据阳极成分选好技术条件。各工厂使用阳极成分不同，有的工厂阳极主品位较高，杂质含量较低；有的工厂阳极主品位较低，杂质含量较高；还有的工厂阳极板含金银高，含砷、锑、铋高。不同的阳极成分、不同的厂情，应选择不同的技术条件。例如：

1）主品位较低的阳极，由于杂质含量高，电解液污染严重，阳极泥量大，选择技术条件：电流密度较低，电解液组成应选铜含量高、酸浓度低的电解液，以防杂质析出。电解液温度控制高些，既减少浓差极化又利于阳极泥沉降，同时，循环量控制应小些，以防溶液将阳极泥搅起吸附在阴极上影响质量。阳极周期宜短不宜长。添加剂量应高些，以增强添加剂对粒子生成的抑制作用，同时有利于阳极泥的凝聚从而沉降。极距应适当放宽，便于阳极泥还未到达阴极之前便沉降到电解槽底部。

2）主品位较高的阳极，选择技术条件与1）恰好相反。

3）当阳极含铅较高时，阳极容易钝化。在阳极发生钝化的电解槽里，阳极会有氧析出，槽电压很高，容易造成阴极铜析出粗糙、长粒子，所以应采用较低的电流密度。

4）当阳极含砷、铋较高时，电解液控制较高的铜浓度；保持溶液中有较高的氯离子浓度，防止砷、铋共同放电；采用较高的电解液温度和较宽的极距。

（2）根据电流密度的不同选择适当的技术条件。为了提高产量，强化生产，在一定条件下需要提高电流密度，它给铜电解精炼带来不利因素：阳极溶解速度加快，导致电极极化和浓差极化的加剧；阳极产生钝化现象；阴极有少量杂质与铜共沉积，以及生产粒子，等等，所以在较高电流密度时，应采取如下措施：

1）适当提高电解液温度和循环量，以加速铜离子的扩散速度，减小浓差极化，防止阳极钝化。

2）适当提高电解液中铜离子浓度，防止阴极附近铜离子的贫化。

3）适当降低电解液酸浓度，提高硫酸铜溶解度。

4）适当增加添加剂用量，抑制粒子生成。

5）适当提高残极率指标，防止因残极面积过小而引起阴极局部电流密度过于集中。

（3）严格控制粒子的生成。阴极铜上的粒子往往包含较多的阳极泥和电解液，使阴极铜主品位下降。及早发现阴极铜表面所长粒子，根据其成因采取合理的措施进行防止。有关阴极铜粒子生成的原因及消除方法，在2.1.4.2节中进行详细介绍。

（4）加强日常的生产技术管理，严格贯彻执行技术操作规程。日常的生产技术管理，是铜电解精炼生产中的重要一环。高质量的阳极板，是生产优质阴极铜的基础。然后，严格的管理，是生产优质阴极铜的保证。阴阳极加工质量的好坏，电解液温度的控制，循环量的调整，日常的槽面管理，添加剂的按时均匀加入等都要靠人工去操作/调整，各工厂组织工程技术人员根据自己的实际情况制定出符合本厂的技术操作规程，在日常的操作中，严格贯彻实施，使各工序处于良好的运行状态。

（5）广泛开展 QC 活动。从 20 世纪 80 年代开始推广的 QC 活动，对于产品质量的提高，起到了积极的推动作用。每年班组开展的 QC 活动，通过组员认真选题，分析生产现状，找出存在问题，分析各种原因，制定对策措施，然后实施，最后考核实施结果，总结 QC 活动，发布成果。QC 活动的广泛开展，使每个工序、每个岗位，在操作管理上和技术上等方面都得到进步，阴极铜质量的稳定和提高，同样有赖于 QC 活动的开展。在近 10 年的 QC 活动中，铜电解车间各班组都根据阴极铜的生产选择了一些切合生产实际的课题，为提高铜电解生产水平作出了贡献。

2.1.4.2 阴极铜粒子形成的原因及消除方法

A 阴极铜粒子的成因

在电解精炼过程中，阴极铜上长粒子是经常发生的现象。粒子的分布往往在阴极底部、边缘比较多，严重时阴极表面大面积布满粒子，大的粒子出现树枝状和开花状结晶，甚至出现整槽阴极铜报废。粒子的生成会严重地影响阴极铜质量。为消除阴极铜表面粒子，我们应首先弄清楚阴极铜长粒子的成因，对症下药。

阴极铜长粒子的原因很多，从根源上来说可分为四类：

（1）固体粒子在阴极上的机械附着引起的粒子。

1）阳极泥附着。前面已经讲过，一些杂质在阳极上不进行化学溶解，它们以极细小的固体颗粒从阳极上自然向槽底沉落，形成阳极泥。这些细小的阳极泥颗粒在从阳极上脱落时，不是顺着阳极板垂直向下的，由于循环电解液的作用和阴、阳极间电力线产生的磁场作用，使阳极泥颗粒顺着阳极板有一定的斜度，该斜度大小与循环量、电流密度、阳极泥的性状有关。循环量、电流密度在选择技术条件时要选好，便于阳极泥沉降，阳极泥的颗粒愈细、密度愈小，其沉降速度加大，则越容易黏附到阴极上。黏附到阴极上的阳极泥颗粒容易成为结晶的核心而继续生长，成为粒子，这是阴极铜长粒子的重要原因之一。这种粒子多半生长在阴极下部，既影响阴极铜质量，又造成贵金属损失。

2）漂浮阳极泥的黏附。阳极中砷、锑、铋含量较高时，容易生成很细的 $SbAsO_4$ 及 $BiAsO_4$ 的絮状物质，密度很小，漂浮在电解液表面上，称为漂浮阳极泥。它随着电解液的循环，呈小片状黏附到阴极上沿而形成粒子。这种粒子砷、锑、铋含量较高，不易通过改善电解技术条件而根除。如遇漂浮阳极泥太多，可采取改变循环方式来解决。

3）铜粉的黏附。铜电解槽内产生铜粉有两个来源，一是内部氧含量较高的阳极，在铜电解生产过程中产生反应：

$$Cu_2O + H_2SO_4 \Longrightarrow CuSO_4 + H_2O + Cu$$

反应结果生成铜粉。

另一个来源是阳极表面氧化膜进入电解槽后也会发生上面化学反应，在装槽前如果不进行酸洗处理或酸洗条件未控制好，铜粉就会进入电解槽内。

铜粉的颗粒极细，不易沉降，容易黏附到阴极上成为活性结晶核心，形成圆柱形粒子，这种粒子与阴极的接触面很小，容易击落，其成分与阴极铜的成分相差不大。

氧含量过高的阳极产生的阳极泥镍含量明显升高。

4）氧化亚铜的黏附。上述氧化亚铜在未来得及与硫酸作用时，就随着电解液黏附到阴极上，形成以氧化亚铜为基点的蘑菇状粒子，这种粒子容易击落。

（2）添加剂不当引起的粒子。

1）胶量不足时：在阴极表面有棱角、尖端部位能形成导电不良的薄膜，使阴极铜形成粒子并长大，此种粒子是尖头，有棱角的。其反应缺胶现象容易鉴别，阴极铜较软，析出粗糙，小疙瘩明显失去抑制。随着胶量的调整，这种粒子逐渐被胶所抑制，变成圆头，甚至消失。

2）胶量过多：阴极整个板面都吸附着相当数量的胶质，结果不仅产生阴极铜分层现象，而且胶抑制阴极表面尖端、棱角的能力相对地被削弱，于是又重新出现阴极铜表面生长粒子现象。胶量过多，产生的粒子是圆头状，硬且有韧性，长的较牢，不易击落。

3）加胶机发生故障：如阀门堵、浮球阀不灵、电器故障、机械故障均能使添加剂加入不均匀，使阴极铜表面长粒子。

4）氯离子控制不当：部分厂家采用盐酸作为添加剂时，由于氯离子控制超出技术要求范围，阴极铜表面易形成针刺状粒子。

（3）电流密度局部集中引起的粒子。

1）阴、阳极相对面积不适当：由于种板槽生产过程中的问题或始极片剪切过多，使阴极面积比阳极面积略小，在阴极周边生成粒子，甚至长成较大的凸瘤。当电流密度较大时，此种现象更加严重。

2）极距不均匀：在装槽找排列时，由于操作不当，可能造成阴、阳极不对称和极距不均匀的现象。前者，因阴极一个边缘距阳极边缘太近，电力线集中，铜析出速度快，形成肥边甚至长凸瘤；另一个边缘则距阳极太远，电力线稀疏，铜析出困难，形成刀片。后者，距离阳极较近的一面，阳极泥未来得及沉降，便到达阴极表面并附着产生粒子。当阴极表面不垂直，弯曲度大，或是有弯角等情况，则阴极表面易黏附阳极泥，引起长粒子。

3）槽内个别电极导电不良：槽内部分电极接触不良，或是阴极铜棒未烫净或是槽间导电板未擦净或是个别阳极钝化，使电流在这些电极上分布减少，相应地使槽内其他电极的电流密度增加，从而产生圆形粒子。

（4）补加溶液引起的粒子。从净化工序送到电解工序的补加溶液有两种：补充铜离子的硫酸铜溶液和补酸的硫酸镍分离母液。对于硫酸铜溶液来说，由于铜离子浓度高，溶液内有结晶硫酸铜颗粒，进入铜电解槽内后，结晶硫酸铜颗粒附着在阴极上长花椒粒状疙瘩，数量多，易于识别；对补酸的硫酸镍分离母液来说，由于内部存在极细的硫酸镍微晶粒，进入铜电解槽内后，晶粒附着在阴极，长小针刺，一般情况下，小针刺长到后期也不会太大。

B　消除粒子的方法

根据上述生成粒子原因的分析，可以采取如下相应的一些方法来限制粒子的生成：

（1）对阳极的化学成分和物理规格要有严格的要求。首先尽量降低杂质含量，尤其是降低阳极氧含量；其次要降低容易引起阳极钝化和产生漂浮阳极泥的杂质含量。当阳极成分有所变动时，应采取相应的对策。

（2）加强电解液的过滤。对循环系统中的电解液要进行过滤，防止阳极泥细小颗粒和漂浮阳极泥在电解系统中的循环。根据实践，铜电解车间的溶液循环采用全过滤方式，能够显著地减少阳极泥对阴极铜的污染。对所有回收的废液，必须经过充分沉降并过滤后，才可返回循环系统。

（3）经常观察阴极析出状况，保持电解初期阴极表面的光滑，使阳极泥等固体颗粒不易黏附。根据阴极析出状况，及时发现问题，判断粒子的成因，修改技术条件和添加剂用量。

（4）加强操作管理，提高阴阳极加工质量，掌握好阳极泡洗条件。阳极泡洗后要冲净表面铜粉，减少铜粉给阴极质量造成的危害。保证阴、阳极对称，极距均匀，以及电极的良好导电性，防止局部电流密度集中而引起粒子。查槽时发现阴极上附着的粒子，及时处理，避免粒子长大后难以处理，影响阴极铜质量。

（5）对电解液组成每日要进行分析、调查，使溶液中各种离子浓度控制在技术要求范围。

（6）对电解液温度、循环量、槽电压要经常测量，防止部分槽子因技术条件变化而出现粒子。

（7）加强添加剂的管理。不但要数量准确、添加及时，而且要勤于检查，防止变质、失效的添加剂加入循环系统。对自动加胶机的电器系统、机械系统等运行状况要勤检查、勤观察，发现故障，及时排除，以保证添加剂均匀地加入循环系统。

（8）从净化工序送到电解系统的硫酸铜溶液及硫酸镍分离母液要经过稀释、压滤后方可进入循环系统。

2.1.4.3　阴极麻孔的形成及防治

在铜电解生产过程中，阴极铜表面时有产生麻孔的现象，影响阴极铜质量。麻孔的分布集中于阴极上部吊耳处，以及阴极弯曲部分的向下斜面，面越斜，麻孔越多。麻孔的特征：最大有一颗米粒大，最小的比针尖还小，形状好像口朝上的漏斗，深浅不一。

阴极表面麻孔的形成，往往伴随着在阴极产生阳极泥粒子，每一个麻孔处都吸附一个气泡。振动阴极和阳极，电解液中立即有大量气泡冒出液面，部分立即消失，部分散开后逐渐消失，紧接着有阳极泥浮起。

收集阴极上吸附的气体进行燃烧试验，证明既不是氢气也不是氧气，肯定气泡是由于电解液中进入了大量的空气所致。

根据气泡和麻孔的特征及其关系可知，在阴极表面吸附有气泡的地方，由于气泡不导电，铜离子无法穿透气泡在阴极表面析出，因而无铜离子在该处析出；在无气泡的阴极板面铜离子正常析出，这样，使有气泡的地方形成坑，即阴极表面麻孔，对阴极的化学成分并无影响。分析试验也证明了这一点，但由于气泡带起大量的阳极泥，致使阴极上生成阳极泥粒子，严重地恶化了阴极铜质量，也能造成阴极铜的质量不合格。

从生产实践中，可以找出电解液中进入大量气体的原因：

（1）当集液槽液面太低时，泵的进液口距集液槽内的液面近，电解液从回液管流入集液槽时，落差较大，形成一个"瀑布"，使整个集液槽内电解液处于翻腾状态，带入了大量气体。泵抽入的电解液内含大量空气，电解液和空气的混合物进入泵内高速旋转的叶轮，被叶轮充分搅拌，使空气均匀地溶解于电解液中，进一步带入电解槽中。

（2）当泵的上液量小，导致高位槽液面太低时，高位槽进液管电解液进入高位槽后，由于落差较大，也产生瀑布，溶液内进入部分空气。由于高位槽溶液体积小，进入溶液的空气还未来得及消失便流入管道带入电解槽中。

（3）当板式换热器钛板片由于腐蚀产生砂眼、孔洞时，大量蒸汽通过加热器钛板片进入电解液内进而通过高位槽、缓冲槽进入电解槽，致使电解槽内电解液夹杂大量气泡。

（4）泵密封不严，在抽入电解液的同时，将空气抽入电解液内。

根据麻孔产生的原因，可以采取以下措施来防止空气进入溶液：

（1）保持集液槽体积，防止体积控制过小，减小回液管中电解液与集液槽液面落差。

（2）保证集液槽抽液泵的上液量，使高位槽回液管内始终有少量回液，高位槽内产生的气泡少，使气泡不易进入电解槽。

（3）勤于观察，一旦发现阴极表面产生气孔，立即检查板式换热器回水，如回水含酸，则表明换热器钛板片有泄露现象，停掉泄露的换热器，更换已坏的钛板片。如板式换热器回水呈中性，可继续检查其他几项有无问题。

（4）搞好泵的密封，定期清理酸泵的底阀，防止堵塞。

2.1.5 高镍阳极电解精炼

2.1.5.1 铜阳极质量

高镍铜阳极板物理规格：$1000\text{mm} \times 960\text{mm}$。阳极板中 S 主要呈 Cu_2S 形态，含 S 高导致阳极泥率高，而槽电压明显上升。O 在阳极中主要呈 NiO 形态，另有少量Cu_2O 和 Ni_2O_3 杂质氧化物。NiO 不进行电化学溶解，残留在阳极泥中，也可能机械黏附在阴极铜上。Ni 在阳极中主要以金属态溶于铜中，电解时在阳极放电以 Ni^{2+} 形态进入溶液。

2.1.5.2 工艺流程

电解工序的工艺流程与图 2-1-2 相同，净化工序工艺流程见图 2-1-14。

2.1.5.3 电解技术条件的选择和控制

电解选择的技术条件见表 2-1-11，分述如下。

表 2-1-11 电解工段技术条件

电解液组成/$g \cdot L^{-1}$			吨铜添加剂/g			电流强度/A	极距/mm	温度/℃	循环量/$L \cdot min^{-1}$
H_2SO_4	Cu^{2+}	Ni^{2+}	明胶	硫脲	干酪素				
170~190	45~55	≤25	80~100	10~30	10~30	20000~27000	105	60~65	25~35

（1）电解液组成。阳极板杂质含量高，进入电解液杂质量多，决定了较高的日净液量。从经济效益和阴极铜质量方面考虑，电解液组成选择镍含量较高，产出的阴极铜符合 A 级铜国家标准。同时，铜离子浓度选择太高，电解液密度太大，不利于阳极泥沉淀；铜离子浓度选择太低，在阴极区域附近产生铜离子贫化，使杂质易于析出。由于金属离子总和处在较高范围，溶液的酸浓度应选择较低水平，避免产生硫酸铜结晶，而且可以降低电解液密度。

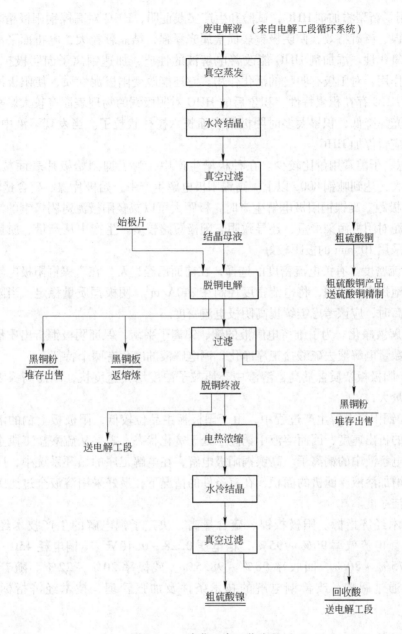

图 2-1-14　净化工序工艺流程

（2）电解液温度。高镍阳极电解生产实践表明，电解液温度是影响阴极铜 Ni、S 含量的主要因素之一。较高的温度，有利于铜离子的扩散，减轻浓差极化现象，降低了电解液的黏度，有利于阳极泥的沉降。高镍阳极电解选择较高的温度范围，试验证明，在其他技术条件大体相同的情况下，提高电解液温度，阴极铜的合格率明显上升。

（3）电解液循环。铜电解车间电解液循环方式为下进液上出液的循环方式。

（4）添加剂。高镍铜阳极电解，阳极泥对阴极的污染严重，要求阴极结晶致密、表面光滑平整就显得格外重要。高镍阳极电解在使用添加剂时有几个特点：

1）明胶用量大，为低镍阳极电解的 1~2 倍，是指达到吨铜 100g 以上。

2）采用了新型添加剂 HHG，试验和生产实践证明，HHG 对高镍铜阳极精炼，降低阴极铜中杂质镍、硫有特效，使阴极铜表面金属光泽强，结晶颗粒大，电析面平滑，并且具有一定的耐氧化性。添加剂 HHG 能改善电解液的性质，加速铜离子向阴极扩散的速度，起到去极化作用，对阳极有明显的活化作用。它还能改变阳极泥性质，使阳极泥颗粒容易下沉。由于 HHG 存在积累特性，积累后的 HHG 对阴极铜的物理表面有较大影响，使阴极铜表面金属光泽降低，积累太多时阴极铜表面长六棱柱状粒子。当发现溶液中 HHG 有积累特性时，应暂停加 HHG。

3）硫脲、干酪素用量比较少。在种板槽生产中，为了抑制始极片表面粒子的生长，明胶使用量大，达到吨铜 800g 以上。高镍铜阳极电解生产中，始极片镍、硫含量较高。

（5）同极距。高镍铜阳极电解生产时，极距大可以减轻阳极泥对阴极铜的污染，极距小不仅阳极泥对阳极污染严重，还导致阴、阳极短路较多。生产中从产量、质量及经济效益综合考虑采用 105mm 的极距较好。

（6）电流密度。有关电流密度的选择，在前面已经述及。在高镍铜阳极电解精炼生产中通过不断地探索和实践，将电流密度控制在 $240A/m^2$，阴极铜质量稳定。当阳极质量得到进一步提高时，应该考虑继续提高阴极电流密度。

（7）电解液净化。为了维持电解液的铜、镍离子平衡，保证阴极铜析出质量，每天需要抽出一定数量电解液去硫酸盐工序净化。铜电解液的净化有两个特征：

1）由于阳极板杂质含量高，溶液中杂质粒子浓度增大速度快，因而高镍阳极电解生产所需净液量大；

2）高镍铜阳极电解生产过程中，由于阳极板主品位较低，阳极板上铜的溶解速度低于阴极上铜的析出速度，因而溶液中铜离子处于贫化状态，需要从硫酸盐工段生产硫酸铜溶液来补充电解液中的铜离子。高镍铜阳极电解，在电解工序的循环系统中，应增大溶液的过滤量，增加溶液压滤机的面积，在有条件的情况下，最好采用溶液全过滤工艺使溶液保持良好的洁净度。

（8）技术经济指标。阳极板镍、硫含量高，决定了铜电解的生产技术经济指标处于较低水平。电流效率 90%～95%，槽电压 0.28～0.40V，吨铜电耗 450～500kW·h，直收率 75%～80%，回收率 98%～98.5%，残极率 20%～22%。随着阳极板质量的提高，通过调整、改善铜电解的技术条件及加强管理，技术经济指标能够逐步提高。

2.1.6 高砷锑阳极电解精炼

2.1.6.1 铜阳极质量

砷、锑、铋是阳极板中的常见杂质，在电解过程中易形成密度较小、难于沉降的漂浮阳极泥。据分析，砷、锑、铋在漂浮阳极泥中的总含量超过 60%，随时都可能因机械黏附而污染阴极铜，因此都力求在火法精炼中将其脱除至最低限度。

在处理高砷、锑、铋铜矿，或处理废杂铜料，或从其他金属冶炼的中间物料中进行综合回收产出粗铜时，由于原料本身砷、锑、铋含量很高，将其在火法精炼中脱除至很低限度是困难的。而在电解精炼中，若能较好地控制技术条件，也能以高砷、锑、铋阳极，生产出符合一定质量标准的阴极铜，因而在经济上仍然是合理的。但若要生产出符合 Cu-CATH-1 标准的阴极铜，则还需对阳极做进一步的处理，以降低杂质含量，减少阳极泥率和漂浮阳极泥量，避免机械黏附引起的污染。

2.1.6.2　工艺流程

电解工序的工艺流程与图 2-1-2 相同，净化工序工艺流程与图 2-1-14 相同。

2.1.6.3　电解技术条件的选择和控制

为保证高砷、锑、铋阳极电解精炼能产出符合一定质量标准的阴极铜，原则上应采取如下的技术条件：

（1）电解液中应有适当高的铜含量和酸浓度。对于高砷、锑（特别是高砷）阳极，其阳极板铜品位常常偏低。由于阴、阳极通过的电流相等，而阳极是铜和杂质共同溶解，阴极是纯铜的析出，故常会出现电解液中铜离子浓度逐渐下降的现象。此时，应经常向电解液中补充加入工业用的结晶硫酸铜，以维持一定的电解液铜浓度。若阳极品位并不显著偏低，则电解液中的铜含量可以维持平衡。

高砷、锑阳极电解时，应维持适当高的铜离子和硫酸浓度，以防止杂质盐类水解和砷、锑漂浮阳极泥的大量形成。砷（Ⅲ，Ⅴ）在硫酸溶液中具有很大的溶解度，且很稳定，一般是不会在阴极放电析出的。虽然电解液中砷的浓度总是比锑的高，但锑对阴极铜的污染却比砷强烈，如某厂电解液含砷 16.8g/L、锑 3.4g/L，产出的阴极铜含砷 0.0006%、含锑 0.0008%。锑进入阴极铜的量与酸度关系较大，当电解液酸度增大时，阴极铜、锑含量明显减少。

（2）较多的添加剂用量。高砷、锑阳极电解精炼时，产生大量的阳极泥和漂浮阳极泥，这种絮状或胶状的悬浮物，吸附着电解液中大量有机胶质，导致胶的消耗增加。此外，由于电解过程中砷、锑，尤其是砷以较快的速度积累，而在一般的铜电解液中，砷的含量在 1~10g/L。为此，加入较多的盐酸或氯化钠，使氯离子与阳极泥中的杂质产生难溶性化合物而进入阳极泥。在生产过程中，发现电解液中的氯离子也有消耗有机胶质的作用，故加入较多的氯离子，也使部分胶质被其破坏。上述两个原因都导致消耗大量的添加剂（特别是胶）。因此，高砷、锑阳极电解精炼时，胶和盐酸的消耗量常比一般的铜阳极电解精炼多，有时可能成倍增加。

（3）维持较高的电解液温度和适当的循环速度。为了有利于漂浮阳极泥的流出，宜采取下进上出的循环方式。在尽可能减小电解液循环速度，以利于阳极泥沉降的原则下，为加强铜离子的扩散，必须提高电解液的温度。此外，因电解液中加胶较多，杂质含量高，电解液的黏度显著增加，因此也必须维持电解液具有较高的温度。

（4）电流密度不宜过高。由于电解液中杂质离子含量偏高，若电流密度过高，容易引起阴极附近铜离子贫化，从而使杂质离子有了放电析出的可能，因此电流密度应维持在 200~240A/m² 范围。

（5）采用较宽的极间距离。在阳极泥较多的情况下，采用较宽的极间距离，有利于阳极泥的沉降，减少对阴极铜的污染。

（6）加强电解液的净化。必须按照电解液中砷、锑、铋的积累速度，来决定抽出送往净化工序的电解液量，使其不超过规定的限额。此类电解液的净化，主要是脱除其中的砷、锑、铋。而有时电解液中其他的杂质浓度比不高，因此必须采取一些更有效的方法，直接从电解液中脱除砷、锑、铋，而不使铜浓度显著降低。除去砷、锑、铋的溶液可重新返回电解系统。

（7）加强电解液的过滤。前面已叙述，在电解过程中，一部分砷、锑、铋以不同价的化合物形成漂浮阳极泥，在高砷、锑、铋阳极电解精炼时，电解液中的阳极泥更多，因此必须加强电解液的过滤，增加电解液过滤的数量。过滤方法可视各厂的具体情况而定。

此外，可在电解液中加入少量具有絮凝作用的表面活性剂（可与其他添加剂一同加入），有利于漂浮阳极泥聚集长大，以及阳极泥的沉降，减少其对阴极铜的污染。

第 2 章 主要经济技术指标

2.2.1 电解回收率、直收率及残极率

2.2.1.1 电解回收率

电解回收率是指在铜电解精炼过程中产出的阴极铜所含铜量占实际消耗物料所含铜量的百分比。回收率在生产中不仅反映了车间的技术水平及经济效益，而且也反映出车间的管理水平。其计算公式为：

$$\eta_{回} = \frac{W_{Cu}}{W_1 + W_2 - W_3 - W_4} \times 100\%$$

式中 $\eta_{回}$——电解回收率，%；

$\quad\quad W_{Cu}$——阴极铜含铜量（入库阴极铜量乘以阴极铜平均品位（加权平均）），t；

$\quad\quad W_1$——前期结存（电解槽内外结存的阳极、再用残极、槽内阴极铜、槽外始极片、电解液等铜含量），t；

$\quad\quad W_2$——本期收入（阳极板、外来液等铜含量），t；

$\quad\quad W_3$——本期付出（残极、废铜屑、净化电解液、阳极泥等铜含量），t；

$\quad\quad W_4$——本期结存的铜量，t。

铜电解精炼回收率是对金属铜回收程度的标志。回收率提高可在同一原材料情况下增加阴极铜产量，减少金属流失、降低成本、增加利润。因此提高回收率是车间生产经营的重点工作之一。铜电解回收率一般为 99.6% ~99.8%。

提高电解回收率的主要措施有：

（1）加强物料管理。铜耳、铜屑、铜粒子、残极等做到及时回收，妥善存放，定期返回熔炼车间；

（2）加强冶金槽罐、管道、阀门的维护检修，防止跑、冒、滴、漏；

（3）加强操作管理，杜绝冒槽、冒罐和电解液溢漏；

（4）加强对各种废液的回收工作，如阳极槽洗水、烫洗阴极铜水、清理作业场地用水等；

（5）加强物料进出的计量工作；

（6）防止铜形成不可回收的损失，如溶液渗入地下、金属铜料或含铜物料在运输过程的损失等。

2.2.1.2 电解直收率

电解直收率指在铜电解精炼过程中产出的阴极铜所含铜量占实际投入物料所含铜量的百分比，其计算公式为：

$$\eta_{直} = \frac{W_{Cu}}{W_1 + W_2 - W_4} \times 100\%$$

式中　　　　　　$\eta_{直}$——直收率,%;

W_{Cu}, W_1, W_2, W_4——符号代表意义同上式。

铜电解直收率是对金属铜原料利用程度的标志,直收率的高低在一定程度上体现了一个车间生产技术水平的高低。

影响电解直收率的因素有:

(1) 残极率过高。

(2) 液净化量大,导致净化溶液中的铜以海绵铜板(渣)等形式返回重熔。

(3) 种板生产的铜皮质量差、铜皮剪切等形成的边角铜料量大,利用率低。

(4) 阳极板主品位低,氧含量高,阳极泥率高,带走的铜量增大。

(5) 跑、冒、滴、漏等因素造成铜的直接损失。

提高电解直收率的主要措施有:

(1) 在不影响阴极铜质量的前提下,尽量降低残极率。

(2) 减少阳极泥中的水溶铜。

(3) 提高铜皮的合格率、利用率,减少铜皮的切边。

(4) 提高阴极铜质量,减少粒子生成。

(5) 加强操作管理,减少阳极断耳。

2.2.1.3　残极率

残极率是指产出残极量占投入阳极量的百分比。其计算公式为:

$$N = \frac{m}{M_1 \pm \Delta m} \times 100\%$$

式中　N——残极率,%;

M_1——残极产出量, t;

Δm——期初期末槽存阳极量差额, t;

m——残极产出量, t。

电解精炼过程中产出的残极,一般都返回精炼炉重新熔铸阳极(部分根据生产情况而进行中和溶解,补充生产中的铜离子)。降低残极率可以减少重熔加工费和金属损失,以达到降低成本的目的。但是,过低的残极率会造成残极面积过小,使实际的电流密度增大,阴极铜析出质量发生恶化,槽电压升高,电力消耗增加,对生产经营不利。一般残极率控制在 15% ~20% 之间。

影响残极率的因素有:

(1) 阳极的形状及几何尺寸。阳极的挂耳越大残极率越高;阳极身部越大、越厚,残极率越低;阳极板厚薄不均,残极率升高。

(2) 阳极的化学成分。阳极含杂质(铅、镍、氧等)较高时,易造成阳极钝化,使残极率升高。

(3) 电流密度与阳极周期。电流密度和阳极周期选择不合理会导致残极率过高。

(4) 槽面管理水平。

降低残极率采取的措施有：

（1）设置残极槽。将出两极时较厚的残极挑出来装入残极槽中再进行电解，使阳极得到充分利用。

（2）加强残极挑选工作。按各厂具体情况，制订残极标准，合理利用残极。

（3）加强再用残极的管理。挑选出来的再用残极要整齐堆放以便再用，防止人为的机械损伤。

（4）用提、压溜相结合的方式均匀溶解阳极。

直收率和残极率指标在电解精炼中是一对相互制约的指标体系。在实际生产中，降低残极率，是降低成本，最直接、最有效提高直收率的手段。但降低残极率，会对阴极质量产生影响，过低不仅使残极槽的阴极析出质量恶化，而且使劳动强度增加。若采用大极板机组作业，残极过薄易弯曲等情况会影响机组的正常作业，从而使残极的洗涤运输作业成为整个电解生产工序的"瓶颈"，影响到整个电解作业的顺利进行，使电解生产处于恶性循环状态。但残极率升高，则直收率就会下降，导致返炼金属物料量增加，吨铜生产所需原料量升高，电解生产成本增加。因此，应根据企业的生产实际，确定合理的指标体系，以获取好的产品质量和经济效益。

2.2.2　电流效率与槽电压

2.2.2.1　电流效率

电流效率在铜电解精炼中通常专指阴极电流效率，指在铜电解精炼过程中，阴极的实际析出量与理论析出量的百分比。计算公式为：

$$\eta = \frac{M}{qInt \times 10^{-6}} \times 100\%$$

式中　η——电流效率，%；

M——n 个电解槽实际阴极析出量，t；

q——铜的电化当量，$q = 1.1852 \mathrm{g/(A \cdot h)}$；

I——电流，A；

t——通电时间，h；

n——电解槽个数，台。

在实际电解生产过程中，由于设备、生产操作、电化学反应等诸多影响因素存在，因此实际生产过程中，阴极铜的析出量总是小于理论析出量，电流效率不可能达到百分之百。一般生产厂的阴极电流效率平均在 96% ~ 97% 之间。

影响电流效率的主要因素有：

（1）漏电。

1）导电排对地漏电。导电排绝缘不良，或与蒸汽管道、水管道等金属管道导体相连而引起漏电。经常有水和酸雾喷溅导电排时也容易引起漏电。将铜棒、金属工具、废铜皮、残极等斜靠导电排上也会造成漏电。

2）电解槽漏电。电解槽渗漏产生的结晶以及放液管、放阳极泥管下底部周边产生的结晶容易潮湿而形成导体漏电。

3）电解液循环过程漏电。每个电解槽的电解液都有一定电位，在电解液循环过程中，电解液在回液溜槽中混合，也产生漏电。

（2）阴极的化学溶解。由于电解液循环过程中常会溶解一定量的空气，致使空气中的氧溶于电解液。另外在阴极电解过程往往会产生一些氧，会发生如下反应：

$$Cu + H_2SO_4 + \frac{1}{2}O_2 \Longrightarrow CuSO_4 + H_2O$$

通常因化学溶解而造成的电流效率降低为 0.25% ~ 0.75%。

（3）极间短路。极间短路是电流效率下降的主要原因之一。造成短路的原因有：

1）阴、阳极表面不平、加工质量差。

2）排列不均，两极间距离不一致。

3）导电不均，个别电极电流密度大，生成粒子引起短路。

4）相邻槽同种电极接触。

（4）其他。过高的电流密度、阳极含较高杂质等也是影响电流效率的因素。电流密度过高除使阴极铜长粒子外，还会造成浓差极化，导致氢或其他杂质放电析出。阳极含杂质较高时也会使杂质在阴极析出而影响电效。

同时，当溶液中有 Fe^{2+} 时，在阳极上将会发生氧化反应：

$$Fe^{2+} - e \longrightarrow Fe^{3+}$$

在阴极上又会被还原：

$$Fe^{3+} + e \longrightarrow Fe^{2+}$$

这样，铁离子在阴极和阳极之间来回"拉锯"而无意义地消耗电能，降低了电流效率。

2.2.2.2 槽电压

槽电压通常指平均槽电压，是电解槽两极间的平均电压降。一般所计算的槽电压指标是指各个电解槽压降的平均值。计算公式为：

$$\overline{V} = \frac{\overline{V}_总 - \overline{V}_损}{n}$$

式中　$\overline{V}$——电解槽平均电压降，V；

　　　$\overline{V}_总$——平均总电压，V；

　　　$\overline{V}_损$——线路损失，V；

　　　n——平均开动电解槽数，台。

槽电压是影响电耗的重要因素，槽电压由电解液电位降、金属导体（包括导电板、阳极、阴极、阴极铜棒等）电位降、接触点电位降、克服阳极泥电阻的电位降、浓差极化引起的电位降等组成。槽电压组成表达式为：

$$\overline{V} = V_极 + IR_1 + IR_2 + IR_3 + IR_4$$

式中　$\overline{V}$——槽电压，V；

$V_{极}$——浓差极化引起的电位降，V；

IR_1——电解液电阻 R_1 电位降，V；

IR_2——接触点电阻 R_2 电位降，V；

IR_3——阳极泥电阻 R_3 电位降，V；

IR_4——金属导体电阻 R_4 电位降，V；

I——通过电解槽的电流，A。

槽电压随电流密度的提高而上升。上式中 IR_1、IR_2 和 IR_3 是影响槽电压的主要因素。电解液电位降与极间距离、电解液温度、金属离子的总浓度、添加剂加入量等因素有关。极间距大、电解液温度低、金属离子浓度大、胶等添加剂加入量大，则 IR_1 增大，反之 IR_1 减小。接触点电位降与各接触点接触的好坏密切相关，阳极与导电板、阴极与导电板、阴极挂耳与阴极棒等接触得越好，挂耳和始极片铆合得越牢固，则 IR_2 越小。阳极泥电位降与阳极成分和电解液黏度有关，阳极板杂质含量越高，阳极泥量越大，电解液黏度越大，阳极泥越不易脱落，阳极泥变得越厚，则 IR_3 越大。

2.2.3 阴极铜主要单耗指标

2.2.3.1 电耗

铜电解车间电耗有两种，一种是直流电单耗，另一种是交流电单耗。

直流电单耗是指单位产品产量所消耗的直流电量。计算公式为：

$$W = \frac{Q_{直}}{M}$$

式中 W——直流电单耗，kW·h/t；

$Q_{直}$——直流电消耗量，kW·h；

M——阴极铜产量，t。

其中，直流电消耗量包括商品槽、种板槽、脱铜槽、再用残极槽耗电量，以及漏电、线路损失等直流电消耗量。阴极铜产量指入库合格阴极铜的产量。一般吨铜直流电能消耗为 $230 \sim 280$ kW·h。

影响直流电单耗的因素。直流电单耗大体可以分为有效单耗和无效单耗两部分。无效单耗为线路等损失，一般较小，可以忽略不计。有效电耗与槽电压及每吨阴极铜所消耗电量存在如下关系：

$$W = QV \times 10^{-3} = \left(V \middle/ \frac{1}{Q} \right) \times 10^{-3}$$

式中 W——直流电单耗，kW·h/t；

Q——每吨铜耗电量，A·h；

V——槽电压，V；

$\dfrac{1}{Q}$——1A·h 析出的阴极铜量，t，相当于 $1.1852\eta/1000$，η 为电流效率，则有：

$$W = \frac{1000V}{1.1852\eta}$$

　　从上式可以看出，影响直流电耗的主要因素有槽电压和电流效率，因此降低槽电压、提高电流效率是降低电耗的有效手段。

　　交流电耗是指单位产品产量所消耗的交流电量：

$$W' = \frac{Q_\text{交}}{M}$$

式中　W'——交流电单耗，kW·h/t；

　　　$Q_\text{交}$——交流电消耗量，kW·h；

　　　M——阴极铜产量，t。

　　交流电电耗量包括高压交流电和低压交流电的全部消耗量，一般有机电设备用电、生活生产用电等。

　　影响交流电单耗的因素有：

　　（1）用电设备的电能利用率；

　　（2）用电设备的选择配置及合理使用；

　　（3）用电的管理；

　　（4）节能措施的应用；

　　（5）电解液的温度和酸度。

2.2.3.2　蒸汽单耗

　　蒸汽单耗是指单位产品阴极铜所消耗的蒸汽量。

$$t = \frac{T}{M}$$

式中　t——蒸汽单耗，t/t；

　　　T——蒸汽消耗量，t；

　　　M——阴极铜产量，t。

　　蒸汽消耗量为生产、生活等蒸汽消耗总量。在无措施的情况下每吨铜一般为 1.0 ~ 1.5t。当电解槽面采用覆盖槽壁及管道采取保温措施，并将各储槽加盖的情况下，吨铜蒸汽消耗一般为 0.2 ~ 0.6t。

　　影响蒸汽单耗的主要因素有：

　　（1）电解液温度。电解液的温度越高，与周围空气的温度差越大，散热损失也就越大，给电解液加热补充的热量也就越多。

　　（2）阴极铜烫洗。除电解液加温外，阴极铜烫洗消耗的蒸汽量也很大。

　　（3）换热器热效率。在加热电解过程中，换热器换热效率高，可以直接节省蒸汽。

　　（4）气候影响。北方和海拔较高的地区因季节性气候的变化，一般比南方工厂蒸汽单耗大，因此应搞好保温防寒工作。

2.2.3.3　硫酸单耗

　　硫酸单耗是指单位产品阴极铜在电解过程中所消耗的硫酸量。计算公式为：

$$t = \frac{m \pm \Delta m_1 \pm \Delta m_2}{M}$$

式中　t——硫酸单耗，kg/t；

　　　m——本期硫酸加入量（新酸＋回收酸），kg；

　　Δm_1——期初期末电解液含酸差额（包括化合酸），kg；

　　Δm_2——期初期末再制品耗酸量差额，kg；

　　　M——本期阴极铜产量，t。

一般生产中，吨铜硫酸单耗为 4~10kg。降低硫酸单耗的措施有：

（1）防止跑、冒、滴、漏；

（2）加强废液回收；

（3）加强出装槽两极板上残留电解液的回收；

（4）加强液体转移过程中的酸计量工作；

（5）改进电解液净化工作，减小酸耗；

（6）提高废酸的再用率。

2.2.4　产品成本、车间加工费、劳动生产率

2.2.4.1　产品成本

产品成本是指企业在一定时期内（如月、季、年），为生产一定种类和数量的产品所支出的各种生产费用总和。产品成本主要包括直接材料、直接人工和制造费用三项，广义上的产品成本还包括生产过程中要发生的各种生产消耗，如动力费用、材料费用、工资、车间经费、企业管理费、销售费用等。月产阴极铜 2000t 成本明细表范例见表 2-2-1。

表 2-2-1　月产阴极铜 2000t 成本明细表范例

项目名称	本期消耗金额/元	单位产品消耗金额/元	占总成本/%
原料费	9045183.92	4522.59	97.8
车间经费	97330.00	48.67	1.05
企业管理费	103180.00	51.59	1.12
工厂成本	9245693.00	4622.85	约 100.00

降低产品成本的途径：

（1）加强技术管理提高金属回收率，降低残极率，使原材料的利用率不断提高；

（2）开展综合利用，搞好电解精炼过程中有价副产品的有效回收；

（3）降低车间的加工费。

2.2.4.2　车间加工费

车间加工费是指生产车间在生产某一产品过程中的各项消耗，如动力费、材料费、车间经费、职工工资等。它与产品成本不同的是车间加工费不包括原材料费和企业管理费，它所体现的是车间在组织生产过程中的经济效果。见表 2-2-2。

表 2-2-2　月产阴极铜 17000t 车间加工费明细表范例

项目名称	本期消耗/元	单位消耗/元
（一）定额材料	3795782.96	223.28
（1）硫酸	16113.6	0.95
（2）明胶	1279.68	0.08
（3）水	126688.48	7.45
（4）电	2092514.81	123.09
（5）汽	1559186.39	91.72
（二）非定额材料	56326.69	3.31
（三）职工薪酬	1742961.67	102.53
（四）制造费用	3212803.14	188.99
（1）职工薪酬	75915.2	4.47
（2）折旧费	2484053.8	146.12
（3）办公费	350.77	0.02
（4）保险费	19891.5	1.17
（5）劳动保护费	1356.5	0.08
（6）运输费	254890.17	14.99
（7）差旅费	2681.98	0.16
（8）试验检验费	248018.23	14.59
（9）邮电通信费	819.67	0.05
（10）其他费	124825.32	7.34
（11）劳务费用	528048.38	31.06
（五）管理费用	58430.87	3.44
（1）备件	9797.46	0.58
（2）修理费	48633.41	2.86
（3）加工费用	8866305.33	521.55

降低车间加工费的途径：

（1）大力降低动力费用支出，即降低电、蒸汽和水的消耗；

（2）加强冶金和机械设备的维护保养，减少维修费用；

（3）加强材料备件管理，科学、合理地选材料、选设备和备件，延长材料、设备、备件使用寿命，降低材料消耗，同时做好修旧利废和班组经济核算工作；

（4）降低辅助材料的消耗。

2.2.4.3 劳动生产率

劳动生产率通常以单位时间、单位劳动所生产出的产品数量来表示。劳动生产率是衡量一个生产单位科学技术水平、生产工艺水平和生产组织、劳动组织管理水平的标志。

电解车间实物劳动生产率为车间年产阴极铜量与车间劳动定员数的比值，即：

$$\eta = \frac{M}{n}$$

式中　η——车间实物劳动生产率，$t/(人 \cdot a)$；

　　　M——年产阴极铜量，t；

　　　n——车间劳动定员数，人。

劳动生产率提高的途径：

（1）采用先进的工艺技术，例如铜电解传统的小极板生产人均年产铜只能够达到数十或者数百吨，而 ISA 法的铜电解生产人均年产铜可达到数千吨；

（2）提高自动化、机械化装备水平，减少人工看管的岗位和人工操作的动作；

（3）依靠科技进步，提高工艺技术水平和生产技术水平；

（4）加强管理，通过优化劳动组织和采取有效的激励机制等措施来挖掘劳动力资源。

2.2.5 冶金计算

2.2.5.1 铜电解回收率、直收率、残极率计算

【例1】　已知某厂月生产阴极铜 3600t，阴极铜主品位 99.95%，实际消耗阳极板 3800t，阳极主品位 96%，计算回收率？

解：依据公式：

电解回收率 = 阴极铜铜含量 ÷ 实际消耗物料铜含量 × 100%

= （3600 × 99.95%）÷（3800 × 96%）× 100%

= 98.63%

【例2】　已知某厂月生产阴极铜 1200t，阴极铜主品位 99.95%，本月共投入铜量 1600t，计算直收率？

解：依据公式：

电解直收率 = 阴极铜铜含量 ÷ 实际投入物料铜含量 × 100%

= （1200 × 99.95% ÷ 1600）× 100%

= 74.96%

【例3】　已知某车间当月装槽阳极板 1813.500t，产出残极 389.902t，月初和月底槽内结存阳极量不变，求残极率是多少？

解：依据公式：

$$残极率 = \frac{残极产出量}{装槽阳极量 \pm 期初期末槽存阳极差额} \times 100\%$$

$$= 389.902 \div (1813.500 + 0) \times 100\%$$

$$= 21.5\%$$

2.2.5.2　电流效率、产量计算

【例 4】　已知某 30 个电解槽，二月份实际产出阴极铜 127.308t，其中始极片重量为 5.58t，月平均生产电流强度为 5500A，计算其电流效率？（有效生产时间为 23.5h/d，2 月份按 28 天计）

解： 依据公式：

$$\eta = \frac{M}{qInt \times 10^{-6}} \times 100\%$$

$$= (127.308 - 5.58) \div (1.1852 \times 5500 \times 28 \times 30 \times 23.5 \times 10^{-6}) \times 100\%$$

$$= 94.6\%$$

【例 5】　某车间有电解槽 216 个，每槽装入阴极 51 片，电流强度控制在 24300A，电流效率 95%，问 10 天后阴极铜产量多少吨？

解： 依据公式得：

$$M = qInt\eta \times 10^{-6}$$

$$= 1.1852 \times 24300 \times 216 \times 10 \times 24 \times 95\% \times 10^{-6}$$

$$= 1418.36t$$

2.2.5.3　电流强度、槽电压计算

【例 6】　某生产槽有阴极 53 片，阳极 54 片，阴极尺寸 1020mm × 980mm，要求电流密度控制在 260A/m²，问需将生产的电流强度控制在多少安培？

解： 依据公式：

$$电流密度 = 电流强度 \div 阴极面积$$

$$阴极面积 = 1020 \times 980 \times 53 \times 2 \times 10^{-6}$$

$$= 105.96m^2$$

$$电流强度 = 260 \times 105.96$$

$$= 27548.98(A)$$

【例 7】　铜电解车间直流电表的指针在 5500A，电压表指针为 92V，共有 272 个电解槽，测得线路损失 2.2V，求平均槽电压是多少？

解：依据公式：

$$槽电压 = \frac{总电压 - 线路损失}{开动槽数}$$

$$槽电压 = \frac{92 - 2.2}{272}$$

$$= 0.33V$$

2.2.5.4　铜电解精炼热能平衡计算

【例 8】　已知：电解槽的内尺寸为 3430mm × 850mm × 1050mm；

外尺寸为 3630mm × 1050mm × 1150mm。

电解槽数：120 个；

电流强度：10000A；

槽电压：0.3V；

电解液温度：60℃；

电解车间室温：24℃；

电解槽外壁的温度：35℃；

电解液循环速度：25L/（min·槽）。

解：热收入：

热收入为电流通过电解液时所产生的热量 Q：

$$Q = 4.18 × 0.239EItN × 10^{-3}$$

$$= 4.18 × 0.239 × 0.3 × 0.5 × 10000 × 3600 × 120 × 10^{-3}$$

$$= 647364.96kJ/h$$

式中　E——消耗于克服电解液阻力的槽电压，为槽电压的 50% 左右；

I——电流强度，A；

t——时间，为 3600s；

N——电解槽数，台。

热支出：

（1）电解槽液面水蒸发热损失 q_1：

电解槽总液面（含电极）表面积：

$$F = 3.43 × 0.85 × 120$$

$$= 349.86m^2$$

每平方米电解槽液表面积在无覆盖层时的小时水分蒸发量查表得 1.35kg/（m^2·h）。

60℃的水汽化热为 2358.42kJ/kg。

$$q_1 = 349.86 \times 1.35 \times 2358.42$$

$$= 1113907.71kJ/h$$

（2）电解槽液面辐射与对流热损失 q_2：

根据傅里叶公式：
$$q_2 = K(t_1 - t_2)F$$

式中　K——辐射与对流联合导热系数，取 39.35kJ/($m^2 \cdot h \cdot ℃$)；

$t_1 - t_2$——电解液与车间空气温差，℃；

F——传热表面，m。

$$q_2 = 39.35 \times (60 - 24) \times 349.86$$

$$= 495611.68kJ/h$$

（3）电解槽外壁的辐射与对流的热损失 q_3：

电解槽槽壁总面积：

$$122 \times (3.63 \times 1.05 + 3.63 \times 1.15 \times 2 + 1.05 \times 1.15 \times 2)$$

$$= 1749.06m^2$$

根据傅里叶公式：
$$q_3 = K(t_1 - t_2)F$$

式中　K——对钢筋混凝土槽壁，当槽壁温度为 35℃，车间室温 24℃时，取 35.17kJ/($m^2 \cdot h \cdot ℃$)。

$$q_3 = 35.17 \times (35 - 24) \times 1749.06$$

$$= 676658.84kJ/h$$

（4）循环管道内溶液热损失 q_4：

电解液循环量：

$$25 \times 60 \times 120 \times 10^{-3} = 180m^3/h$$

$$q_4 = Q\gamma C_p \Delta t$$

式中　Q——电解液循环量，180m^3/h；

γ——电解液密度，1250kg/m^3；

C_p——电解液热容，取 3.43kJ/(kg·℃)；

Δt——电解液在循环管道内的温度降，根据车间规模大小取 2~4℃，大车间取上限，本例取3℃。

$$q_4 = 180 \times 1250 \times 3.43 \times 3 = 2315250kJ/h$$

全车间需补充热量：

$$q_1 + q_2 + q_3 + q_4 - Q = 3954063.27kJ/h$$

铜电解精炼热平衡见表 2-2-3。

表 2-2-3　铜电解精炼热平衡

项　目	kJ/h	%
电流通过电解液产生的热量	647364.96	14.07
加热器补充的热量	3954063.27	85.93
合　计	4601428.23	100.00
电解槽液面水蒸发热损失	1113907.71	24.21
电解槽液面辐射与对流热损失	495611.68	10.77
电解槽外壁辐射与对流热损失	676658.84	14.71
循环管道内溶液热损失	2315250.00	50.31
合　计	4601428.23	100.00

2.2.5.5　铜电解物料平衡计算

【例9】　计算条件：

阴极铜：10000t/a；

回收率：99.8%；

阴极铜品位：99.95%；

残极率：15%；

阳极泥率：0.6%（对电铜）；

阳极板成分见表 2-2-4、铜电解过程元素分配见表 2-2-5。

表 2-2-4　阳极板成分　　　　　　　　　　　　（%）

Cu	As	Sb	Ni	Bi	Pb	S	Zn	Au	Ag
99.43	0.064	0.031	0.157	0.008	0.031	0.0066	0.0023	0.00441	0.0585

表 2-2-5　铜电解过程元素分配　　　　　　　　（%）

元　素	进入电解液	进入阳极泥	进入电解铜
Cu	1.93	0.07	98
As	60~80	20~40	微　量
Sb	10~60	40~90	微　量
Ni	75~100	0~25	<0.5
Bi	20~60	40~80	微　量
Pb		95~99	1~5

元 素	进入电解液	进入阳极泥	进入电解铜
S		95 ~ 97	3 ~ 5
Zn	93	4	3
Au		98.5 ~ 99	1 ~ 1.5
Ag		97 ~ 98	2 ~ 3

解： 1t 阴极铜需要溶解阳极的量：

$$(1 \times 99.95\%) \div (1 \times 99.43\% \times 98\%) = 1.0258t$$

阳极实际需要量：

$$\frac{1.0258 \times 10000}{99.8\% \times (1 - 15\%)} = 12092t/a$$

实际溶解阳极量：

$$(1.0258 \times 10000) \div 99.8\% = 10279t/a$$

阳极铜含量：

$$12092 \times 99.43\% = 12023.08t/a$$

残极量：

$$12092 \times 15\% = 1813.8t/a$$

残极铜含量：

$$1813.8 \times 99.43\% = 1803.46t/a$$

阳极泥量：

$$10000 \times 0.6\% = 60t/a$$

阳极泥铜含量：

$$10279 \times 99.43\% \times 0.07\% = 7.154t/a$$

电解液中铜含量：

$$10279 \times 99.43\% \times 1.93\% = 197.25t/a$$

铜电解精炼主要元素物料平衡见表 2-2-6。

表 2-2-6　铜电解精炼主要元素物料平衡

物料名称		物料量 /t·a^{-1}	Cu		Ni		As	
			%	t/a	%	t/a	%	t/a
投　入	阳　极	12092	99.43	12023.08	0.157	18.98	0.064	7.74
	合　计			12023.08		18.98		7.74
产　出	阴极铜	10000	99.95	9995	0.002	0.2	0.0015	0.15
	残　极	1813.8	99.43	1803.46	0.157	2.85	0.064	1.16
	阳极泥	60	11.92	7.15	2.69	1.614	3.29	1.97
	电解液			197.25		14.52		4.61
	损失及误差			20.22		-0.204		-0.15
	合　计			12023.08		18.98		7.74

2.2.5.6　配制电解液计算

【例 10】　电解工段电解液总体积 800m³，为了检修电解槽，将电解液体积压缩至 650m³，电解液化学成分为 H_2SO_4：95g/L，Cu^{2+}：36g/L，开工时溶液体积要恢复到原来状况，要求开产后溶液技术条件为 H_2SO_4：110g/L，Cu^{2+}：40g/L，问需要补加 96% 的工业硫酸铜和 93% 的工业硫酸各多少吨？（工业硫酸铜中铜的百分含量为 25.4%）

解：开工前电解液中结存的铜量为：

$$36 \times 650 = 23400kg$$

开工时需要的铜量为：

$$40 \times 800 = 32000kg$$

需补加的铜量为：

$$32000 - 23400 = 8600kg$$

需 96% 的工业硫酸铜量为：

$$8600 \div (100 \times 96\% \times 25.4\%) = 35.27t$$

开工前电解液中结存的硫酸量为：

$$95 \times 650 = 61750kg$$

开工时需要的硫酸量为：

$$110 \times 800 = 88000kg$$

需补加的硫酸量为：

$$88000 - 61750 = 26250kg$$

需 93% 的工业硫酸为：

$$26250 \div (1000 \times 93\%) = 28.23t$$

2.2.5.7　抽液量计算

【例 11】　某电解系统白班电解液化验票含 Ni^{2+} 15g/L，当天早上抽液 $10m^3$，次日白班电解液化验票含 Ni^{2+} 15.2g/L，若系统溶液体积为 $1000m^3$，抽出电解后液镍的脱除率为 80%，为使 Ni^{2+} 浓度控制在 15g/L 以下，应如何调整抽液量？（溶液中 Cu^{2+} 浓度不考虑）

解：设调整后每天的抽液量为 Xm^3：

每天溶液中 Ni 的增长量为：

$$(15.2 - 15) \times 1000 + 10 \times 15 \times 80\% = 200 + 120 = 320kg$$

则有：

$$X \times 15 \times 80\% = 320$$

$$X = 26.7m^3$$

为使 Ni^{2+} 浓度控制在 15g/L 以下，每天的抽液量应不低于 $26.7m^3$。

2.2.5.8　种板槽、脱铜槽计算

【例 12】　已知某铜电解车间有生产电解槽 120 台，电解槽阴极片数为 39 片，电解过程阴极周期为 6 天，计算需要多少种板槽？（种板周期取 1 天，一个阴极所需要始极片量取 1.06，一个种板槽种板数 37 片，始极片废品率控制小于 0.05）

解：依据公式，需要种板槽数：

$$种板电解槽数 = \frac{Nn_c Pa}{2AB(1 - b) + n_c ba}$$

式中　N——生产槽数量；

　　　n_c——生产槽阴极片数；

　　　P——一个阴极所需始极片量；

　　　a——种板周期；

　　　A——阴极周期；

　　　B——一个种板槽种板数；

　　　b——始极片废品率。

则　　　　　$$种板电解槽数 = \frac{120 \times 39 \times 1.06 \times 1}{2 \times 6 \times 37 \times (1 - 0.05) + 39 \times 1.06 \times 1}$$

$$= 10.7 \text{ 台（取 11 台）}$$

【例 13】 日处理溶液（含 Cu^{2+} 45g/L，H_2SO_4 150g/L）400m³，如采用不溶阳极电解方法进行处理，要求处理后液含 Cu^{2+} 不大于 30g/L，计算需要多少电积槽？（电流:6000A，电流效率：60%，每天有效通电时间 18h）

解：每天的脱除铜量为：

$$qInt \times 10^{-6} \eta = 1.1852 \times 6000 \times n \times 18 \times 10^{-6} \times 60\%$$

需脱除铜量为：

$$(45 - 30) \times 400 \times 10^{-3} = 6\text{t}$$

需要的电积槽为：

$$6 \div (1.1852 \times 6000 \times 18 \times 10^{-6} \times 60\%) = 78.12 \text{ 槽（取 79 槽）}$$

2.2.5.9　铜电解槽的设计

【例 14】 电解槽尺寸的确定。

解：电解槽的长度：设电解槽两端各留 200mm，则电解槽长度为：

$$L = (n_c - 1) \times d + 200 \times 2$$

式中　L——电解槽长度，mm；

$\quad n_c$——一个电解槽阴极片数，片；

$\quad d$——同极距，mm。

电解槽宽度：

设阴极两侧距槽边各留 55mm，则电解槽宽度为：

$$B = b + 55 \times 2$$

式中　B——电解槽宽度，mm；

$\quad b$——阴极宽度，mm。

电解槽深度：

设阴极下部距槽底留 280mm，阴极上边距槽上沿 50mm，则电解槽深度为：

$$H = L + 280 + 50$$

式中　H——电解槽深度，mm；

$\quad L$——阴极长度，mm。

电解槽极板数：

每槽阴极按下式计算：

$$n_c = \frac{I}{D_K f_c} + 1$$

式中　n_c——每槽阴极片数，片；

$\quad\quad I$——电流，A；

$\quad\quad D_K$——电解槽电流密度，A/m²；

$\quad\quad f_c$——每片阴极的面积（$L \times b \times 2$），m²。

第 3 篇　硫酸盐生产工艺

第 1 章　净化量的确定及净化工艺流程

3.1.1　净液的目的

在铜电解精炼过程中，电解液的成分不断地发生变化，铜离子浓度不断上升，镍、砷、锑、铋等杂质离子的浓度逐渐增加，以及各种添加剂的分解产物亦持续积累，而硫酸浓度则逐渐下降。因此，为了维持电解液中的铜、酸含量及杂质浓度都在规定的范围内，保证电解液成分稳定、洁净，就必须定期、定量地抽取部分电解液进行净化和调整，以确保电解精炼过程的正常进行。在净化过程中，同时可产出硫酸铜、海绵铜、黑铜渣及粗硫酸镍等副产品。

3.1.2　净液量的确定

铜电解精炼过程中抽往净化工序的净液量，是根据阳极铜的化学成分、各种元素进入电解液的百分率（见表 3-1-1）、有害杂质在电解液中允许的极限浓度（见表 3-1-2）以及所选择的净化流程确定的。

表 3-1-1　铜及杂质进入电解液的百分率

元　素	Cu	As	Sb	Bi	Ni
%	1.93	80	55	50	90

表 3-1-2　铜及杂质在电解液中允许的极限浓度

元　素	Cu	As	Sb	Bi	Ni
g/L	55	7	0.6	0.5	15

在电解液净化过程中，各种杂质的脱除率与所采用的净化方法有关。一般来说，采用诱导法时砷、锑、铋脱除率均可达到 85% 以上；而用普通电解脱铜法，其脱除率均小于65%。采用直火浓缩法生产粗硫酸镍，回收的酸中镍含量低，其镍的脱除率可达 80% 以上；而用冷冻结晶法生产粗硫酸镍时，镍的脱除率一般为 60%。

由于各铜电解企业所用阳极铜中各元素含量不同，电解液中各种杂质的累积速度也不同，在其他条件不变时，净液量的大小受最快超过极限浓度的元素控制。某元素所需净液量的大小可参考下式计算：

$$Q = \frac{TEKF \times 10^3}{CN}$$

式中 Q——净液量，m^3/a；

      T——阴极铜产量，t/a；

      E——生产 1t 阴极铜所需阳极铜，t/t；

      K——元素在阳极铜中的百分含量；

      F——元素进入电解液的百分率；

      C——元素在电解液中允许的极限浓度，g/L；

      N——元素在整个净化过程中的脱除率，% 。

将各元素按上述公式计算所需的净液量进行比较，取其中最大的净液量。通常，净液量愈大，电解液中杂质含量愈低，有机物的积累也愈少，这样可以有效地减少电解液的黏度，提高电解液的电导率，对提高阴极铜的质量、降低消耗都有好处。但净液量太大，势必破坏铜离子和硫酸在电解过程中的平衡，使电解液中铜离子和硫酸浓度低于正常值，也导致净化设备设施庞大，各种消耗相应增加。因此，一般抽出至净化工序的净液量应比计算的净液量大 1.1 ~ 1.2 倍。

从其他途径进入净化过程的溶液（如阳极泥处理过程中的铜浸出液），应视其溶液成分，决定加入净化过程中的哪一道工序进行处理，该工序的处理能力应考虑这部分溶液量。

3.1.3 净液工艺流程

电解液净化工艺流程的选择与阳极铜化学成分、所产副产品的销路、各种原材料的来源、综合经济效益及环境保护等众多因素有关，各企业视具体条件确定。目前各企业采用的净化流程虽各不相同，但归纳起来仍然可分为下列三大工序：

首先，用加铜中和法或直接浓缩法，使废电解液中的硫酸铜浓度达到饱和状态，通过冷却结晶，使大部分的铜以结晶硫酸铜形态产生。

其次，采用不溶阳极电解沉积法，将废电解液或硫酸铜结晶母液中的铜基本脱除，同时脱去溶液中的大部分砷、锑、铋。

最后，采用蒸发浓缩或冷却结晶法，从脱铜电解后液中产出粗硫酸镍。

目前，国内电解液净化流程主要有以下四种：

（1）鼓泡塔法中和生产硫酸铜，电解脱除砷、锑、铋，电热蒸发生产粗硫酸镍。

（2）中和法生产硫酸铜，电解脱砷、锑、铋，蒸汽浓缩生产粗硫酸镍。

（3）中和浓缩法生产硫酸铜，电解除砷、锑、铋，冷冻结晶产粗硫酸镍。

（4）高酸结晶法生产硫酸铜，电解脱除砷、锑、铋，电热蒸发产粗硫酸镍。

此外，根据硫酸铜的需求情况决定是否采用第一道工序。如硫酸铜的需要量不大，则可以不生产硫酸铜，而将抽出的电解液直接送往电解脱铜，使废电解液中的铜均以阴极铜的形态产出。反之，若硫酸铜需求量大，在第一道工序中可以加入废纯铜线、铜屑或残阳极，以中和溶液中的酸，提高硫酸铜产量。

近年来，一些净化电解液的新方法正在试验研究，有的已在一些企业应用。

（1）渗析法。采用均相阴离子交换膜分离脱铜后液中的硫酸和硫酸镍，以代替蒸发浓缩或冷冻结晶法提取硫酸和硫酸镍。该法劳动条件好，可提高硫酸和硫酸镍的回收率。

（2）有机溶剂萃取铜、镍。国外采用有机溶剂萃取分离一次结晶母液中的铜和镍，含铜和镍的反萃液可用电解沉积法生产电解铜和电解镍。

（3）萃取法脱砷。萃取法脱砷在国外已有多家企业用于生产。萃取脱砷流程的脱砷效率高达 90% 以上，而且不存在电解脱砷时产生酸雾及砷化氢气体的危害，砷可以直接回收制成副产品。目前，存在的主要问题是砷制品和含砷渣难以找到出路，因此目前国内只有个别处理高砷阳极板的厂家采用此方法脱砷。

（4）共沉淀法除砷、锑、铋。向需净化的溶液中加入 Sb_2O_3 或 Bi_2O_3 或两者的混合物，在 60~90℃ 的温度条件下，砷、锑、铋与上述加入的溶剂共沉淀产生一种白色沉淀，分离沉淀即可除去溶液中大部分的砷、锑、铋。用稀碱液可从沉淀物中有选择性地溶解砷，剩余物还原熔化，锑可被挥发、分离，Sb_2O_3 得到回收，并可重复使用，此流程已在国外某些企业中得到应用。

（5）氧化法除砷、锑、铋。国外有些企业在需净化的电解液中添加氧化剂，使溶液中的三价砷、锑、铋离子被氧化成五价氧化物而析出。过滤析出氧化物后，滤液经还原中和后返回电解工序。析出物再进一步处理回收砷、锑、铋。

铜电解净化的一般工艺流程如图 3-1-1、图 3-1-2 所示。

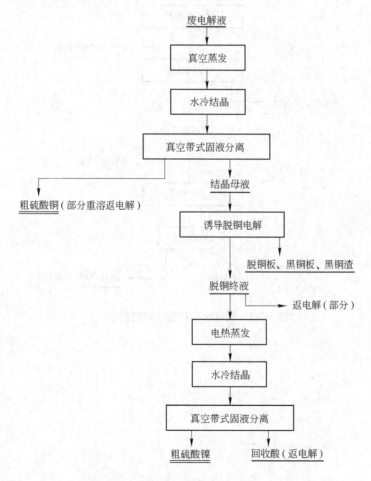

图 3-1-1　铜电解净化的一般流程（一）

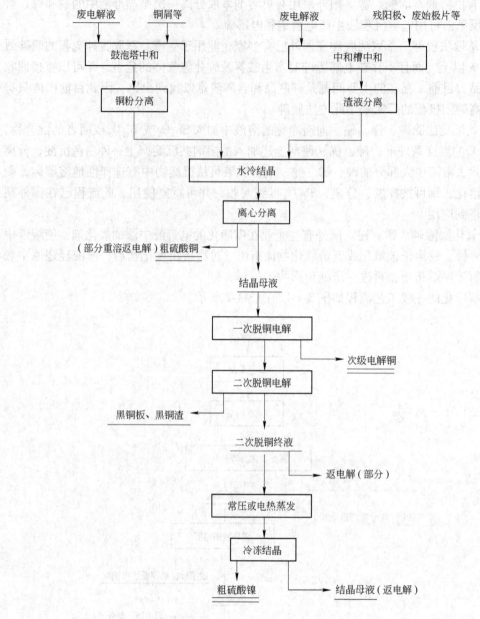

图 3-1-2 铜电解净化的一般流程（二）

第 2 章　中和法中和过程

从铜电解液中生产硫酸铜可以采用加铜中和或直接浓缩两种方法。直接浓缩法（即高酸结晶法）产出的硫酸铜含酸、含杂质高，必须重结晶才能满足质量要求；而加铜中和法可通过一次结晶就可产出符合标准的硫酸铜，所以被大多数厂家所采用。中和法根据中和设备和加入铜料不同，可分为中和槽法和鼓泡塔法（中和槽加入的铜料主要是阴极加工过程中的废始极片、铜残极、废铜线等，鼓泡塔法加入的铜料主要是铜粉）。

3.2.1　中和槽法中和过程

3.2.1.1　中和槽中和法生产原理

在盛有加热电解液、铜皮、铜屑、铜残极的中和槽中鼓入压缩空气，通入蒸汽，将发生如下反应：

$$2Cu + 2H_2SO_4 + O_2 == 2CuSO_4 + 2H_2O$$

其反应步骤是：

（1）氧溶于溶液中，并且向金属铜表面扩散；

（2）溶解在溶液中的氧与铜作用生成氧化亚铜：

$$4Cu + O_2 == 2Cu_2O$$

（3）氧化亚铜与硫酸作用生成硫酸亚铜：

$$Cu_2O + H_2SO_4 == Cu_2SO_4 + H_2O$$

（4）溶液中的硫酸亚铜迅速地被氧化成硫酸铜：

$$Cu_2SO_4 + H_2SO_4 + \frac{1}{2}O_2 == 2CuSO_4 + H_2O$$

（5）产物向溶液扩散。

在上述反应中，氧向铜表面扩散，是最缓慢的过程，因此是制约中和反应铜溶解的关键环节。在中和过程中通常用中和效率来衡量中和溶铜速度。中和效率（$g/(L \cdot h)$）是指在中和过程中，单位时间内，单位体积中铜离子的增长速度，其计算公式如下：

$$中和效率 = \frac{中和后液含铜离子浓度 - 中和前液含铜离子浓度}{中和时间}$$

在生产中要提高中和效率，应创造以下条件：

（1）足够的氧量。根据中和反应方程式可看出，只有氧的存在，铜才能和稀硫酸作用。

鼓入空气一方面起到氧化作用，另一方面也起到搅拌作用，加速扩散。在生产实践中，只要热源充足，能保持溶液温度在 80 ~ 85℃ 的情况下，应尽量增大风量，以提高中和效率。鼓入空气量与反应速度的关系如图 3-2-1 所示。

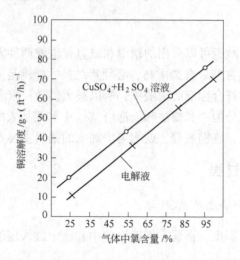

图 3-2-1　鼓入空气量与铜溶解速度的关系（1ft = 0. 3048m）

（2）较大的金属铜表面积。空气中的氧必须达到铜皮表面，才能起到氧化作用。铜表面积越大，与氧接触的面积越大，氧化速度也随之增大。因此加入的铜料一方面应以块度较小为宜；另一方面应垂直堆放，而且铜料之间要有孔隙，使空气能顺利扩散到铜料表面，达到表面与溶液的接触面最大。

（3）足够高的温度。铜的溶解度在一定温度范围内随着反应温度的升高而加速，但氧在溶液中的溶解度却随着温度的升高而降低。因此，当反应温度超过 90℃ 时，铜的溶解速度反而降低，同时在较高的反应温度下操作还会增加蒸汽消耗。因此，中和反应温度一般控制在 80 ~ 85℃。

（4）适当的硫酸浓度。在稀硫酸溶液中，硫酸浓度增大，氧的溶解度降低，不利于中和反应。因此一般工厂中，在废电解液酸含量为 170 ~ 210g/L 的情况下，铜的溶解速度比较慢，随着中和反应的进行，溶液酸含量下降，铜的溶解加快。但酸量很少时，溶液的氧化性又很低。因此一般工厂往往根据生产的实际情况来确定中和酸量。

3. 2. 1. 2　中和槽中和法生产的技术条件及操作

首先将废电解液及废水装入中和槽内，其成分为：含硫酸 100 ~ 150g/L，含铜 40 ~ 45g/L，含镍小于 20g/L，然后开汽、开风。液面距中和槽的上沿 500 ~ 600mm，以防开风搅拌时溶液溅出槽外。中和过程溶液应始终保持在 80 ~ 85℃。经过 22h 后采样分析或测定溶液密度，如含铜不小于 100g/L、含酸小于 130g/L，即可装入结晶槽进行冷却结晶。放槽前，要停风 20min，以防铜粉带入结晶槽，影响硫酸铜质量。中和槽内铜屑和铜皮，应维持露出液面，一般每天添加一次，并应定期掏洗，及时清出槽底铜泥、铜料、残渣、结晶等杂物，保持槽体干净。中和槽技术操作条件实例见表 3-2-1。

表 3-2-1 中和槽技术操作条件实例

名 称	单位	操作条件1	操作条件2	操作条件3
反应温度	℃	80~85	85~90	75~85
中和前液酸含量	g/L	180~210	180~200	80~150
中和前液铜含量	g/L	50~60	45~50	15~30
中和后液酸质量浓度	g/L	不大于250	<200	<130
中和后液铜含量	g/L	>110	105~120	100~130
反应时间	h	24~27	22	30~35
压缩空气压力	MPa	0.05~0.1	0.05~0.1	0.1~0.15
蒸汽压力	MPa	0.1~0.15	0.1~0.15	0.15~0.2
中和槽规格	mm×mm	φ2200×4000	φ2100×3700	φ2440×4000

3.2.1.3 中和槽的构造

中和槽是设有假底（又称花隔板）的圆槽，尺寸为 φ2440mm×4000mm。其有效容积为 $6m^3$，假底以下有蛇形钛盘管，内通蒸汽用以加热溶液。假底以上堆放废铜皮、铜残极、铜屑及废紫铜线等。槽内有压缩风管，槽体为钢筋混凝土及焊接钢内衬玻璃钢、衬陶砖两种，其结构见图 3-2-2。

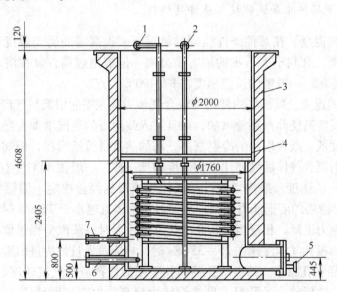

图 3-2-2 中和槽槽体结构

1—蒸汽管；2—压缩空气管；3—铅及不锈钢内衬；4—假底；
5—排渣口；6—冷凝水出口；7—出液口

3.2.2 鼓泡塔法中和过程

3.2.2.1 鼓泡塔法中和过程生产原理

鼓泡塔中和法生产硫酸铜是一个气、液、固三相反应过程，其作用原理与中和槽反应机理完全一致。它的最大特点在于中和溶解铜时，应用了流态化操作技术和使用细铜料，加速了中和反应，铜的溶解速度达到 40kg/（m³·h），比中和槽的溶解速度大约 30 倍左右。

3.2.2.2　鼓泡塔法中和过程所用原料

鼓泡塔中和法使用的原料有氧化铜屑和精铜粉。

（1）氧化铜屑。氧化铜屑是铜材加工厂的副产品。除含铜和铜的氧化物外，通常还含有一些油类、水分和可燃物。小型工厂对于氧化铜屑的处理可放在铁板上烘焙，经筛分后得到 1.65mm 左右的氧化铜屑即可作为鼓泡塔的原料。大、中型工厂采用回转窑焙烧处理，回转窑直径 600~800mm，长 5~6m，窑体钢壳壁厚 10mm 左右，燃烧段内衬厚 120mm 的耐热混凝土。焙烧时窑头温度控制在 800℃，采用逆流方法，铜料从窑尾加入。经焙烧后的干铜粉筛分后含 $Cu65\% ~75\%$；$CuO2\% ~30\%$；Cu_2O 少量；不溶物 1%。现在鼓泡塔多使用氧化铜屑。

（2）精铜粉。通常采用喷粉法制取。以铜残极或废铜线为原料，入熔铜炉熔化，液态铜经喷嘴被压缩空气喷制成铜粉，经筛分后小于 0.246mm 的铜粉可作为鼓泡塔的原料。

把经过上述加工的铜粉，用螺旋加料器加入塔中，塔中生产大量泡沫，体积膨胀，气、液、固三相搅在一起呈沸腾状态。于是铜的中和反应迅速进行，鼓泡塔也就由此得名。

3.2.2.3　鼓泡塔法中和过程技术条件及操作

（1）塔的反应温度。在其他条件相同的情况下，提高塔的反应温度可提高铜料溶解度，降低溶液黏度，有利于下一步的液、固分离。但塔温过高，氧在溶液中的溶解度下降，蒸汽消耗也增加。一般塔的反应温度在 87~90℃ 为宜。

（2）混合气的温度。鼓泡塔内使用的混合气体为蒸汽喷射引流空气产生的。混合气的温度不宜太高，温度高使蒸汽耗量增加，而且进入鼓泡塔的蒸汽增加会导致塔的蒸发量下降。混合气体温度低，鼓入塔中的冷空气多，塔的蒸发量虽然增加，但妨碍中和溶铜的效果。因此，选用的混合气体温度要比塔的温度稍低一些，一般在 80℃ 左右。

（3）筛孔的气流速度。鼓泡塔筛孔的气体流速根据经验决定。当筛板孔气体流速在 20~30m/s 时，鼓泡塔的溶铜能力最高，当筛板孔气体流速小于 15m/s 时，鼓泡塔会发生泄漏现象，溶铜能力下降。相反当筛板孔气体流速过大时，蒸汽消耗量剧增，尾气带出的铜粉量也多；当筛板孔气体流速在 25~35m/s 时，相应蒸发量约为进料液的 20%。

（4）筛板孔径和孔隙率。筛板的孔径和孔隙率的选择应与气流速度、蒸发量相适应。当孔隙率一定时，选用较小的孔径，则溶铜能力提高。生产实践证明，孔径以选用 2mm 为宜。

（5）鼓泡塔操作压力。鼓泡塔操作压力主要由筛板阻力和鼓泡层阻力决定。当鼓泡塔层高度为 2600mm 时，测得的筛板阻力为 5.8~7.8kPa，鼓泡层阻力为 20~26kPa，即塔的操作压力为 25~34kPa。当操作压力小于 25kPa 时，塔内溶液易泄漏，溶铜能力下降；操作压力大于 34kPa 时，带出的铜粉增加，溶铜能力也要下降。

（6）出塔液的浓度和密度。一般控制出塔液酸浓度为 130~180g/L，铜含量为 140~160g/L，出塔液的密度为 1.38~1.42g/L。鼓泡塔技术操作条件实例见表 3-2-2。

表 3-2-2 鼓泡塔技术操作条件实例

名 称		单 位	技术条件
塔直径		mm	850
硫酸铜产量		t/a	2500
筛孔气流速度		m/s	25 ~ 35
筛板孔隙率		%	1.42
筛孔孔径		mm	2
混合气体温度		℃	80 ± 2
出塔液温度		℃	87 ~ 90
塔温		℃	87 ~ 90
筛板阻力		kPa	5.8 ~ 7.8
塔操作压力		kPa	26 ~ 35
空气流量		m³/h	300 ~ 322
进液流量		m³/h	1 ~ 1.2
氧化铜屑量		kg/h	81
精铜粉量		kg/h	55
氧化铜屑粒度		目	< 10
进塔液	硫酸质量浓度	g/L	180 ~ 200
	铜含量	g/L	50 ~ 60
	密 度	kg/m³	1220
出塔液	硫酸质量浓度	g/L	130 ~ 170
	铜含量	g/L	140 ~ 160
	密 度	kg/m³	1380 ~ 1420

3.2.2.4 鼓泡塔中和法主要设备构造

A 鼓泡塔的结构

鼓泡塔的结构如图 3-2-3 所示。塔身由不锈钢制成,直径为 850mm,高 5800mm;塔底设有不锈钢筛板,筛板直径为 650mm,板上的开孔率为 14.2%,三孔之间呈等边三角形排列。每边长 16mm,为节省空气用量,筛板下部塔径缩小到 650mm;为减少废气带走的溶液量,上部塔径扩大到 1200mm。距筛板 2600mm 处设有溢流口,所以塔的有效高度及泡沫层也为 2600mm,溢流堰靠塔壁呈半圆形。在溢流堰底部有一个小孔,把液体夹带的铜粉返回塔内。鼓泡塔外面设蒸汽夹套,以调节塔内温度。

B 铜粉分离器结构

与鼓泡塔相连的铜粉分离器是由 3mm 不锈钢制成的圆筒,直径 800mm,高 1700mm,下部带锥底,外部用蒸汽夹套保温,防止液体结晶;内部有分离铜粉的芯子。芯子是正八角形。在波形罩的凹线末端有四根铜粉导向管。铜粉分离器见图 3-2-4。

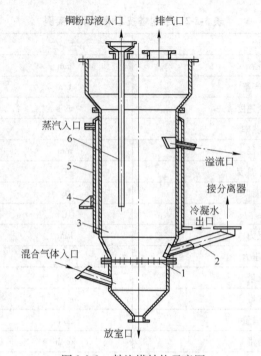

图 3-2-3 鼓泡塔结构示意图

1—筛板；2—铜粉回流器；3—塔体；4—支座；5—蒸汽加热夹套；6—铜粉加料管

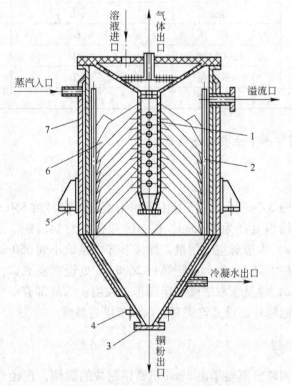

图 3-2-4 铜粉分离器结构示意图

1—溶液分配管；2—铜粉汇集管；3—回流口板；4—与鼓泡塔连接法兰；
5—支座；6—分离器叶片；7—加热夹套

进入分离器的溶液，首先经分离器上部一个多孔不锈钢板滤过杂物，再通过漏斗进入分离器中心管，穿过中心管四壁小孔，分布于各波形罩面上。由于溶液流速很低，铜粉靠重力沉于波形罩面上，沿着四根方形铜导向管流到分离器底部，随部分溶液又返回塔内反应，上清液则沿分离器壁与波形罩之间的空隙上升，由出液管流到沉降槽。

3.2.3　重溶过程

3.2.3.1　重溶的目的

硫酸铜结晶的重溶过程主要用于高酸结晶法生产硫酸铜。因一次结晶含酸、含杂质成分高，需要重新溶解后再结晶提纯。另外在电解精炼过程中，由于阳极板杂质成分高引起净液量大，送去净化的电解液带走的铜离子多，造成铜电解精炼过程铜离子缺乏，所以产出的硫酸铜需要部分重新溶解后返回铜电解循环系统，以补充电解液中的铜离子。

3.2.3.2　重溶过程的技术条件及操作

重溶过程的技术操作条件的选择可根据硫酸铜的溶解度确定（参考图 3-2-5）。重溶液可用电解液、二次结晶母液和硫酸铜结晶等。加热可用蒸汽，加热温度控制在 80℃ 左右。重溶所用设备为夹套加热的机械搅拌槽，由于重溶后液铜离子含量高，当温度下降时会析出结晶，所以重溶后液的输送要保温。

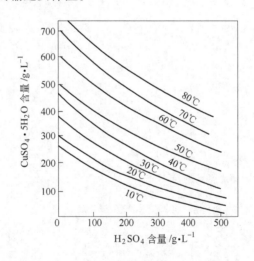

图 3-2-5　硫酸溶液中硫酸铜的溶解度等温线

（1）检查重溶槽出液阀门是否关闭；冷凝水、蒸汽阀门及管路是否正常；重溶后液输送泵、补液泵、重溶槽搅拌装置等是否完好。

（2）在重溶槽中加入占罐体积 1/3 的清水或冷凝水，开启汽阀门，先将水温加热到 75 ~ 85℃，然后将汽阀门调小，缓慢加热，并开启重溶槽搅拌桨，通过重溶槽上部进料口，人工直接均匀加入粗硫酸铜。

（3）投料后，检查重溶槽液位，距离重溶槽上沿 100 ~ 200mm，以免在操作过程中溶液从罐内溢出或溅出，不足则补加。

（4）重溶槽加温搅拌 3 ~ 6h 后，硫酸铜完全溶解，关闭蒸汽阀门，将重溶槽液用泵送至电解系统。

（5）在重溶过程中若发现液面上涨，应及时查明原因，做好记录，及时汇报班组与车间运控班。

（6）放液前停汽，搅拌不停止，上、下工序联系好后，方可开泵放液。

（7）放液过程中要随时检查设备、管道是否有漏液现象。

（8）放完液后，关闭输送泵出口阀门，停泵，放空管道及槽内液体。冲洗管道，以防管道结晶。

（9）槽内铜泥过多，影响重溶后液质量时，应及时停车掏洗。

第 3 章 硫酸铜结晶离心过程

3.3.1 结晶过程及方法

降低固体溶质在原溶液中的溶解度，使其达到过饱和状态，原溶质就从溶液中重新结晶出来，这个过程称为结晶过程。

结晶的方法很多，常用的结晶方法有以下几种：

（1）降低溶液的温度。因为固体物质的溶解度随温度的降低而降低，所以当溶液温度降到饱和溶液的温度以下时，结晶就开始析出。例如，1L 70℃的水能溶解 716g 硫酸铜，当温度降到 35℃时，只能溶解 339g 硫酸铜，就会有 377g 硫酸铜结晶出来。硫酸铜在结晶机中的水冷却结晶，粗硫酸镍在结晶机中的冷冻结晶，都是应用了这种方法。

（2）提高溶液的浓度。当提高溶液的浓度，使水分不断蒸发时，溶剂量减少，溶质量相对增多而结晶析出。硫酸镍的热结晶就是应用这种方法。

（3）同离子效应。在原溶液中加入溶解度比较大的同离子物质，也可使原溶液中溶质的溶解度降低。例如，在饱和的硫酸铜水溶液中加入浓硫酸，硫酸铜就会结晶析出。

一般结晶过程分两步进行。首先是晶核形成过程，然后是晶体成长过程。晶核的形成与成长与溶液的温度、冷却强度、搅拌速度和方法、物质的性质及杂质含量等因素有关。实践证明，温度低、冷却速度慢、没有搅拌或搅拌较差，则有利于晶体成长，形成粗大的结晶；反之，温度越高，冷却速度越快，搅拌越激烈，则晶核生成速度快，晶体发展不完全，产生细小的结晶，这种结晶不易沉降和分离。

3.3.2 硫酸铜结晶过程

硫酸铜的冷却结晶过程就是将在较高温度下（80～90℃）的饱和硫酸铜溶液经过降温使溶液中的硫酸铜过饱和而结晶析出的过程。硫酸铜的结晶是在结晶机中进行的。目前常用的结晶机有两种：一种是立式机械搅拌水冷结晶机，常和中和槽配套；另一种是带式结晶机，常和鼓泡塔配套。

3.3.2.1 立式机械搅拌水冷结晶机结构及技术操作条件

立式机械搅拌水冷结晶机是间断作业。溶液进入结晶机后，先开动搅拌机，然后通冷却水，开始时水量要小，防止生产大量细碎晶核，使产品颗粒太细，同时也防止槽壁出现大量的结晶，影响冷却效率，两小时后将水量逐渐开大。当液温降至 25～35℃时，结晶终结。由于结晶物料易沉于槽底部，下部放料困难，而且直接放料对离心机冲击力大，所以一般采用上部抽取物料过滤。如搅拌结晶槽较小，也可采用边搅拌边放料的办法送入离心机。其技术操作条件实例见表3-3-1。

表 3-3-1　立式机械搅拌水冷结晶机技术操作条件实例

名　称	单　位	操 作 条 件		
		1	2	3
结晶终点温度	℃	<28	冬季20，夏季30	25~27
结晶时间	h	6	4	6
母液铜含量	g/L	40~50	30~50	30~40
母液硫酸质量浓度	g/L	110~140	150	200~250
搅拌速度	r/min	60	80	84
母液镍含量	g/L	<30	30~35	30~40

目前，国内大多数工厂采用的立式机械搅拌水冷结晶机均为非标产品，与溶液接触部分均为不锈钢制作，其技术性能见表3-3-2，槽体结构见图3-3-1。

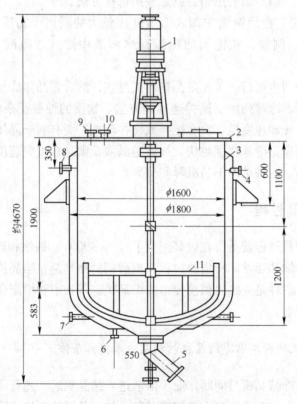

图 3-3-1　立式机械搅拌水冷结晶机结构示意图

1—减速机；2—盖板；3—筒体；4—出水口；5—放料阀；6—排污口；7—进水口；
8—备用口；9—加料口；10—测温口；11—搅拌桨

表 3-3-2 立式机械搅拌水冷结晶机技术性能

名 称	技 术 性 能		
容积/m³	3	5	11
内夹套材料	1Cr18Ni9Ti	00Cr17Ni14Mo2	00Cr17Ni14Mo2Ti
搅拌桨形式	双层45°直桨式	双层45°直桨式	双层45°直桨式
转速/r·min⁻¹	55~65	50	80
功率/kW	4.2~4.5	7.5	7.5
水冷却形式	夹 套	夹 套	双层夹套

3.3.2.2 带式结晶机构造及技术操作条件

带式结晶机是连续作业，螺旋式叶桨在不断旋转搅拌和堆料的情况下，实现连续冷却结晶，因此常和连续出料的鼓泡塔配套使用，带式结晶机结构图见图 3-3-2。

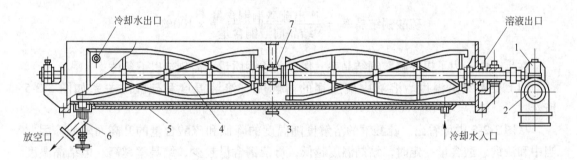

图 3-3-2 带式结晶机结构示意图

1—减速器；2—电动机；3—支座；4—搅拌器；5—冷却夹套；6—放料阀；7—中间轴承

带式结晶机冷却结晶原理同立式水冷结晶机，不同的是夹套冷却水的流向与出塔溶液的流向相反，能使出塔液从 90℃ 逐渐降低到 25~35℃。结晶机排出的结晶浆液的固液比一般为 1:(2.5~2.8)。为了适应离心过滤机的要求，结晶浆液一般用中间储液槽稠化，使部分上清液先溢流走，把固液比提高到 1:(1.2~1.4)，然后间断送入离心机中进行固液分离。其技术操作条件实例见表 3-3-3。

表 3-3-3 带式结晶机技术操作条件实例

名 称	单 位	操作条件
进结晶机溶液铜含量	g/L	150
出结晶机溶液铜含量	g/L	150
进结晶机溶液温度	℃	85~88
机头水冷温度	℃	53~55

名　称	单　位	操作条件
串联冷水升温	℃	3 ~ 5
物料停留时间	h	6 ~ 10
晶粒粒度	mm	0.5 ~ 1
搅拌速度	r/min	15 ~ 17
一次母液铜含量	g/L	50 ~ 60
一次母液镍含量	g/L	150 ~ 180

3.3.3　影响硫酸铜结晶率和质量的因素

硫酸铜结晶率是指产出结晶硫酸铜铜含量与原硫酸铜溶液铜含量的百分比。其计算公式如下：

$$硫酸铜结晶率 = \frac{产出硫酸铜铜含量}{结晶前液铜含量} \times 100\%$$

在生产中，为了提高硫酸铜结晶率，保证硫酸铜质量，需创造以下条件：

（1）结晶终点温度。溶液中硫酸铜的溶解度与溶液温度和硫酸的关系如图 3-2-5 所示。

从图 3-2-5 中可看出，硫酸铜的溶解度随温度的降低和硫酸含量的升高而降低。因此当中和液铜、酸含量一定时，结晶温度越低，母液铜含量越少，结晶率越高。但结晶温度不能低于 25℃，否则就有析出硫酸镍的可能。因此，一般控制硫酸铜结晶终点温度在 25 ~ 35℃ 为宜。

（2）溶液酸度。从图 3-2-5 中可看出，中和液酸浓度越高，硫酸铜的溶解度就越小，但酸度过高会影响产品质量。因此生产中一般控制进结晶机的中和液酸含量在 150 ~ 200g/L 左右，在此酸度下，硫酸铜结晶率可达 70% 以上，产品质量符合国家一级品标准。

（3）中和液铜含量。从图 3-2-5 中可看出，当中和液酸度，结晶温度一定时，中和液铜含量越高，则结晶率也高，硫酸铜质量也就越好。一般要求中和液铜含量在 100g/L 以上。

（4）冷却速度。冷却速度越快，结晶变细，产品质量越低。冷却速度太慢，则设备的利用率下降。

（5）搅拌速度。搅拌速度不易过大，以便获得较粗颗粒的结晶，但搅拌速度过小，对机械搅拌式结晶机的罐壁易产生硫酸铜结晶，从而影响冷却效率；对带式结晶机排料将造成困难。因此机械搅拌式结晶机搅拌速度为 40 ~ 90r/min，带式结晶机搅拌速度为 15 ~ 17r/min。

（6）物料的停留时间。物料在结晶机内要有足够的停留时间，才能完成晶核形成和成长两个步骤。结晶机的生产时间一般在 6h 以上。

3.3.4　硫酸铜溶液固液分离过程

经过立式机械搅拌水冷结晶机结晶的硫酸铜浆液是固液混合体。从固液混合的浆液中把结晶硫酸铜分离出来的过程，称为固液分离过程，也称为硫酸铜离心过程。

硫酸铜的固液分离过程通常是在过滤机中完成的，也有的是在沉降槽中完成的，即将硫酸铜结晶料液放在沉降槽中，沉降槽中设有滤板，滤板上铺设滤布，硫酸铜结晶过滤到滤布上，母液通过滤布汇集到滤板下部，达到固液分离的目的。经过沉降后的结晶硫酸铜含水分很高，还要经离心机过滤、洗涤，再脱水烘干等程序。因此工厂一般不采用这种方法。大多数厂家采用过滤机达到硫酸铜固液分离的目的。

硫酸铜过滤机主要由以下几种形式：

（1）三足式离心过滤机：这种离心机分为上部卸料和下部卸料两种。上部卸料基本上是人工操作，劳动强度大；下部卸料不用人工出料，但操作不当易震动，而且溶液易从离心机卸料口漏入料中，所以下部卸料不宜用于精硫酸铜分离。三足式离心机分离出的硫酸铜的物理性能基本满足国家标准要求，被大多数厂家采用。

（2）带式过滤机：该机需要配套真空系统自动吸滤分离母液，由于连续自动化生产，该机处理能力大，工人劳动强度低。硫酸铜含酸含水分低，结晶率高。

（3）立式溢料型结晶机：该机生产能力大，能连续自动进、卸料，劳动强度低，但产品水分含量较高，一般用于粗硫酸铜的生产。

（4）活塞推料离心机：该机在全速运转中完成所有的操作工序。如进料、分离、干燥和卸料等，具有自动连续操作、处理量大、单位产量耗电少、对固相颗粒破坏小、运转平稳、振动小等优点，被大多数厂家采用。缺点是固、液分离困难，容易"拉稀"，硫酸铜中酸浓度高、结晶率低。

活塞推料离心机取得这样好的分离效果，是与它本身的结构分不开的，见图3-3-3，转鼓全速旋转后，悬浮液由进料管连续引入装在推料盘上的圆锥形布料斗，在离心力场的

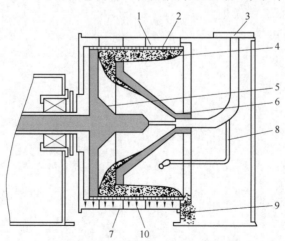

图 3-3-3　活塞推料离心机结构示意图

1—转鼓；2—滤网；3—进料管；4—滤饼；5—活塞推送器；6—进料斗；

7—滤液出口；8—冲洗管；9—固体排出口；10—洗水出口

作用下，悬浮液沿布料斗大端圆周均匀地甩到筛网上，大部分液相经筛网缝隙和鼓壁小孔甩出转鼓，集聚在中机壳由排液管排出，而固相则被截留在筛网上形成环状滤渣层，推料盘将此滤渣层沿转鼓轴向前推移一段距离，推料盘回程时，空出的筛网表面又形成新的滤渣层，随着推料盘的往复运动，上述过程重复进行，滤渣逐次向前推移，在此过程中滤渣进一步干燥，最后滤渣被推出转鼓，经前机壳出料口卸出。机器的旋转运动由电动机驱动，往复运动由液压驱动。

活塞推料离心机除单级外，还有双级、四级等多种形式。采用多级活塞推料离心机能改善其工作状态，提高转速以分离较难处理的物料。

第 4 章　真空蒸发过程

3.4.1　真空蒸发的目的

生产硫酸铜产出的母液经一次脱铜后还含有相当数量的铜和镍，此溶液直接送去脱铜除砷、锑由于液量大是不经济的，同时，此液镍离子浓度低，冷却法生产粗硫酸镍结晶率低，所以要把一次脱铜后液进行浓缩。经过浓缩后，酸和镍的浓度提高了，在经过二次脱铜达到生产粗硫酸镍的技术条件，可提高冷冻结晶粗硫酸镍的结晶率，增加镍的直收率。

有的厂家通过真空蒸发过程生产硫酸镍，其法为高酸结晶法，其生产过程主要有：真空蒸发、粗硫酸铜水冷结晶、离心过滤、粗硫酸铜重新溶解、精硫酸铜水冷结晶和离心过滤等。

采用高酸结晶法不需要加入其他原料，进入真空蒸发器的溶液除电解液外，还有硫酸铜冲洗水、结晶母液等，与电解液按比例混合后均可进入真空蒸发器浓缩，蒸发后液生产硫酸铜。

3.4.2　真空蒸发的原理

真空蒸发器为外加热自然循环式，采用板式加热器。真空蒸发器组结构如图 3-4-1 所示。

以前列管加热器多为石墨制作，因其质脆，结垢不易处理，加热效率低，现一般改为钛材制作。真空蒸发器材质通常是由不锈钢制成的，有的厂家蒸发室用钛材制造，但由于蒸发室溶液界面区域存在汽液相界面腐蚀，在界面部分需用硬铅制作。

真空蒸发依据的原理是一个物理过程。溶液中溶剂的挥发速度与外界阻力有关，在真空条件下溶液的沸点降低，溶剂分子逸出液面的阻力也随之降低。同时，利用真空泵或水流喷射泵使蒸发器内部空间造成的负压与蒸发器底部压力之差作为动力使溶液自动循环，从而提高蒸发速度，即真空蒸发的特点是：在低压下溶液的沸点降低，用较少的蒸汽蒸发大量的水分。

用真空泵达到抽吸真空的目的，或用水喷射真空泵代替液环式真空泵抽吸真空，通过水泵把具有一定压力的水，输入到喷射泵的水室里，然后，水通过对称而均匀排列的多个喷嘴，形成流速很高的水束，经过一定的距离后，各水束聚集于喉管中心线上，由于水束的吸附作用，在其周围形成负压，起到抽吸真空的作用。水束与空气的相互摩擦，冲击旋涡挟带及混合压缩作用，再经过一段较长的尾管抽吸，可获得较高的真空。

因此，在真空条件下，当溶液被换热器加热后，从换热器上部的管道进入蒸发器，蒸发器中的溶液因蒸发水分带走了热量，而使温度下降，凉的溶液从蒸发器的底部流入换热器。进入蒸发器中的溶液在蒸发器和换热器中循环，蒸发掉大量的水分。蒸发出的水蒸气夹带一部分酸雾，影响水的排放质量，水蒸气进入冷凝器前要通过雾沫分离器分离捕集酸

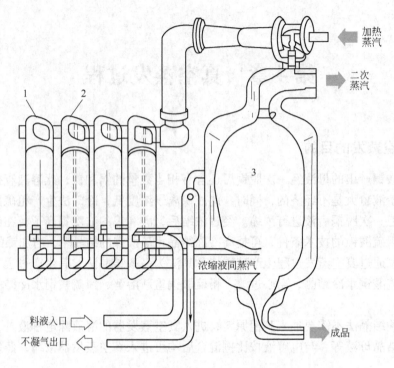

图 3-4-1　真空蒸发器组结构示意图
1—蒸发板；2—蒸汽板；3—分离器

雾，分离出的水蒸气随真空被带到冷凝器冷凝成水，流入水封槽中循环或排放。

3.4.3　真空蒸发的技术条件及操作

　　蒸发器进液时先开水泵、真空泵（或水流喷射泵），然后开蒸发器，将液体吸够后，停止吸液，并开加热器。蒸发过程中随着溶液体积的减少，要及时补充新液。在窥视镜处设有光敏电阻限位器，根据液面高度自动开启阀门，通过真空将溶液吸入蒸发器内。有的厂家采用人工开启进液阀门补液。当溶液密度或溶质浓度达到终点要求时停止蒸发，放液，送去二次脱铜或水冷结晶生产硫酸铜。

　　通常采用蒸发效率来表示金属离子的浓缩速度。蒸发效率(g/(L·h))是指单位时间内、单位体积蒸发器中金属离子的浓缩量。

　　其计算公式如下：

$$蒸发效率 = \frac{蒸发后液金属离子浓度 - 蒸发前液该金属离子浓度}{蒸发时间}$$

　　为了提高蒸发效率，实际操作中在技术条件范围内要尽量提高真空度，尽量减小溶剂分子逸出液面的阻力，同时要提高溶液温度，加大分子运动动能，使溶剂分子逸出液面的动能加大，从而加速蒸发，提高溶质浓度。加热时钛管加热器的进汽阀门由小到大开放，慢慢地加热，要防止加热过程中给汽量过大，直到正常为止；如遇到突然停电、停水、停真空时，要立即停止加热，将汽阀门全部关闭。蒸发中途补液要均匀加入，做到勤补，少补，防止吸液过快或过多造成温度急剧变化及蒸发器产生振动。蒸发达到终点时，要先停汽 15min 后方能放液，溶液终点控制要防止蒸发后液密度过大，溶质浓度增长造成管道结晶堵塞，或使加热器结壳。

以上介绍的是单效蒸发，为了节省蒸汽，有的厂家采用多效蒸发。多效蒸发就是把第一个蒸发系统中换热器排出的余汽，通入第二个蒸发系统的换热器中加热溶液，以此类推，常用的有两效和三效蒸发。表 3-4-1 为真空蒸发技术条件实例。

表 3-4-1　真空蒸发技术条件实例

名　称	单　位	操 作 条 件			
		1	2	3	4
蒸发前液铜含量	g/L	35	48	50	26～30
蒸发前液镍含量	g/L				15～20
蒸发前液酸质量浓度	g/L	210	180～200	190	150～200
真空度	mmHg	550～600	600～645	600～645	350～400
蒸发温度	℃	70～90	70～90	70～90	75～90
终点溶液密度	kg/m³	1400	1390	1400	1300
蒸汽压力	MPa	0.294	<0.15	0.25～0.3	0.05～0.1
蒸发周期	h	16	5	6	2.5
每台加热器面积	m²	32	40	25	30
真空蒸发器组数量	套	3	4	3	1

注：1mmHg = 133.32Pa。

第 5 章　电积脱铜过程

3. 5. 1　电积脱铜的目的

在电解过程中，电解液中的 Cu^{2+} 浓度是不断升高的，如抽出的溶液送净化带走的铜离子量仍不能抵消电解液中铜离子增加量，则多余的铜离子必须用电解沉积法除去。一般在普通电解槽系统中放置一些电解沉积槽脱除多余的铜，产出合格阴极铜。如抽出的溶液送净化所带走的铜离子量大于电解液中铜离子的增长量，则电解液中铜离子浓度将低于技术范围，需通过中和造液向电解系统补充铜离子。

在净化过程中，电解后液经中和、浓缩、结晶离心生产硫酸铜后，结晶母液中仍有部分铜离子，同时 Ni、As、Sb 等杂质存在于该溶液中，为达到 Cu、Ni 分离及脱杂的目的，需进行脱铜电解，通常脱铜分两次进行，一次脱铜将 Cu^{2+} 脱至 28g/L，生产合格阴极铜或海绵铜，脱铜后液经过真空蒸发浓缩提高 Ni^{2+} 浓度，并压缩体积后，进入二次脱铜电解，将铜离子脱至小于 3g/L 时，产出黑铜，同时脱除砷和锑等杂质，脱铜后液生产粗硫酸镍。

3. 5. 2　电积脱铜及除砷、锑、铋原理

脱铜脱砷、锑电积同电解系统中脱铜槽电解过程相似，阴极使用铜始极片，阳极采用含锑 3% ~ 4% 或含银 1% 的铅板，电解液为电解精炼后液或真空蒸发后液，通过直流电后发生电化学反应。

阴极反应式为：

$$Cu^{2+} + 2e === Cu \qquad E^{\ominus}_{Cu/Cu^{2+}} = 0.34V$$

$$As^{3+} + 3e === As \qquad E^{\ominus}_{As/As^{3+}} = 0.3V$$

$$Bi^{3+} + 3e === Bi \qquad E^{\ominus}_{Bi/Bi^{3+}} = 0.2V$$

$$Sb^{3+} + 3e === Sb \qquad E^{\ominus}_{Sb/Sb^{3+}} = 0.1V$$

$$2H^+ + 2e === H_2 \qquad E^{\ominus}_{H_2/H^+} = 0V$$

随着电解的进行，Cu^{2+} 浓度不断下降，特别是下降至 8g/L 以下时，铜的放电电位下降，在阴极附近铜离子缺乏，而使 As、Sb、Bi 与 Cu 一道析出，在脱铜末期由于 H_2 大量析出而使电流效率剧烈降低。平均电流效率仅为 60% 左右，并且在阴极上得到含砷、锑高的黑色稀松沉积物。

阳极反应式：

$$H_2O - 2e === \frac{1}{2}O_2 + 2H^+ \qquad E^{\ominus}_{H_2O/O_2} = 1.23V$$

同时还存在：

$$Pb - 2e \Longrightarrow Pb^{2+} \qquad E^{\ominus}_{Pb/Pb^{2+}} = -0.126V$$

$$SO_4^{2-} - 2e \Longrightarrow SO_3 + \frac{1}{2}O_2$$

铅在硫酸溶液中的溶解度非常小，其标准电极电位是最负电性的，故阳极表面首先产生一层硫酸铅。由于硫酸铅的产生缩小了阳极有效面积，相应增大了阳极电流密度，这就使两价的铅离子氧化成四价的铅离子：

$$Pb^{2+} - 2e \Longrightarrow Pb^{4+}$$

四价铅的硫酸盐水解后，析出二氧化铅沉淀：

$$Pb(SO_4)_2 + 2H_2O \Longrightarrow PbO_2 \downarrow + 2H_2SO_4$$

二氧化铅在阳极表面形成一层保护膜，把电解液和铅板隔开，铅就不会继续溶解。电积过程总反应式如下：

$$Cu^{2+} + H_2O \Longrightarrow Cu + \frac{1}{2}O_2 + 2H^+$$

或

$$CuSO_4 + H_2O \Longrightarrow Cu + H_2SO_4 + \frac{1}{2}O_2$$

电极电位：

$$E = E^{\ominus}_{Cu/Cu^{2+}} - E^{\ominus}_{H_2O/O_2} = -0.89V$$

所以，硫酸铜的分解电压为：$V = -E = 0.89V$，加上阳极上析出 O_2 的超电压（0.6V）及 Cu^{2+} 与 H^+ 的浓度引起的电位变化，实际分解电压为 1.5V 左右，再加上电解液的电压降及导电系统的接触电压降，槽电压为 1.8~2.3V，此值为电解精炼槽电压槽电压的 6~10 倍。

上述反应表明，在电极上析出金属铜和氧的同时，电解液中将再生出当量的硫酸，因此脱铜过程又称为造酸过程。

起初在脱铜过程中，因脱铜液中铜离子浓度高，阴极的沉积物致密，随着铜离子浓度的降低，会使阴极铜析出疏松，呈海绵铜状，严重时呈粉末状。在电积脱铜后期，阴极上析出的氢和砷作用生成砷化氢气体（AsH_3）。这种气体无色无味，很难察觉，但毒性很大，主要引起呼吸道末端及肺部疾病，严重时可能致命。为此，在进行脱铜脱砷、锑电解时，要十分注意厂房的密闭和电解槽的密封，析出的有毒气体用专门排风设备排空。操作人员在通电后要远离厂房，并挂好氯化汞滤纸，检查厂房内砷化氢泄露情况。

砷化氢和氯化汞滤纸接触时，能产生黄棕色至黑色污点，将此污点的颜色与已知浓度的砷化氢气体所造成的污点颜色相比较，就可以估计出砷化氢的浓度。

测定车间内空气中所含砷化氢的含量时，先将滤纸截成狭条，浸入 5% 的氯化汞溶液内，干燥后，将纸条保存在黄色有盖的瓶子里，瓶内必须保持绝对干燥，能在瓶子内放置一些干燥剂更好。测定时，把脱铜车间的空气滤纸，在 5min 内与标准砷化氢量所造成的污点颜色做比较，即可得结果。

3.5.3　电积脱铜及除砷、锑、铋的技术条件及操作

3.5.3.1　电积脱铜除砷、锑、铋的操作

脱铜槽内装好铜皮阴极、铅阳极、脱铜前液，通循环、加热，待一切正常后，就可以通直流电，脱铜电积正式开始。随着阴极的析出并不断加厚，变成阴极铜或海绵铜、黑铜，电解液中铜离子浓度逐渐下降。

电积作业是间断进行的，脱铜后液合格之后要停电更换新液，也可采用大循环量的开路循环与小循环量的闭路循环技术进行连续作业，二段脱铜后液送去生产粗硫酸镍。阴极定期出槽，阴极出装槽时要停直流电后方可出槽，槽底阳极泥及铜粉要定期清理。铅阳极板使用寿命较长，通常为 1~2 年，生产中发生弯曲变形后需更新。

脱铜的槽面管理中，要在通电前将阴、阳极极距调整好，以防通电发生短路或断路现象。短路的阴极通过的电流大，放热多，阴极导电棒温度高。当短路现象严重时，易发生"下饺子"现象，即阴极从耳部断裂掉入槽中，因此，要加强脱铜通电前的槽面管理。断路，俗称"凉烧板"，是指阴极由于无电流通过或通过的电流很小，所以阴极导电棒的温度低。

另外，脱铜循环量通常控制较高，使 Cu^{2+} 及添加剂能及时补充到阴极板附近。脱铜作业还要检查与调整好循环量、液温、槽电压，并保持槽面清洁，及时洒水，使接触点干净无硫酸。为使脱铜产出的海绵铜及黑铜析出致密，应加入适量添加剂。

脱铜技术操作规程条件及经济技术指标实例见表 3-5-1。

表 3-5-1　脱铜技术操作规程条件及经济技术指标实例

名　称	单　位	操作条件及技术经济指标			
		1	2	3	
脱铜前液铜含量	g/L	一　段	一　段	一　段	二　段
硫酸质量浓度	g/L	40~45	25	40~45	35~45
脱铜前液镍含量	g/L	190~210	250~300	100~120	230~280
脱铜前液砷含量	g/L	12~14	30~40	40~45	25~35
槽电压	V	3	4		
电流密度	A/m²	1.8~2.3	1.8~2.0	1.6~1.8	2.0~2.3
电解液温度	℃	180~200	100~200	60~100	205~230
循环速度	L/(min·槽)	20~25	18~22	20~25	20~25
同极中心距	mm	100~120	90~100	100~120	110~130
电流效率	%	50~60	60	80~90	50~60
吨铜直流电单耗	kW·h	2500~3000	约2800	1700	3300
脱铜后液铜含量	g/L	<0.4	<1	26~30	<3

名　称	单　位	操作条件及技术经济指标			
		1	2	3	
脱铜后液硫酸质量浓度	g/L	300~450	350	120~150	300~350
脱铜后液镍含量	g/L	12~14	30~40	<20	25~35
脱铜后液砷含量	g/L	1	2~3		

注：实例 3 为二段脱铜法，一段脱铜终液将 Ni^{2+} 浓缩至 25~35g/L 后继续二段脱铜。

3.5.3.2　电积脱铜除砷、锑、铋的工艺技术

电积脱铜除砷、锑、铋的作业，根据老液或蒸发后液铜含量及所需阴极产物不同分成一段脱除法或二至三段脱除法。

二段脱铜法如下：

第一阶段：Cu^{2+} 浓度由 40~45g/L 脱至 26~30g/L，电流密度为 60~100A/m²，产出合格阴极铜。后液送去蒸发将 Cu^{2+} 浓缩至 35~40g/L。

第二阶段：Cu^{2+} 浓度由 35~40g/L 脱至 3g/L，电流密度为 205~230A/m²，产出含 Cu60%~70% 的黑铜。

通常提高电流密度，可以在基本不增加基建投资，不增加设备的条件下提高溶液脱铜能力，但电流密度高，电能消耗增加，生产成本升高。而电积脱铜除砷、锑、铋作业与铜电解生产作业过程相似，由于阳极上有气体逸出，溶液酸度较高，操作环境恶劣，所以一般采用低电流密度，防止酸雾大量挥发造成严重腐蚀。

电积脱铜的技术经济指标与铜电解精炼相比相差很大。由于槽电压高电流效率低，每吨黑铜的直流电耗约 2800kW·h，砷、锑、铋的脱除率与溶液中的砷、锑、铋含量及脱铜程度有关。

为脱除溶液中的杂质砷、锑、铋，有关工厂在用二段脱除法二次电积时，采用诱导法脱砷，既保持脱铜溶液中铜离子浓度在一定范围之内，使砷、锑、铋有较高的脱除率。采用诱导法脱铜、脱砷时电解槽阶梯式配置，溶液串联流动，从高端进入、低端出来即为终液。诱导法的砷、锑、铋的脱除率可达到 90% 以上，而且可防止砷化氢气体的大量产生。

为控制砷化氢不析出，目前出现了一种用新的电积脱铜技术，即控制阴极电势电积法进行脱铜、脱砷锑生产，同时采用大循环量的开路循环和小循环的闭路循环技术。该法通常采用三段脱铜电积工序完成作业。各段电积均力图获得较高的电流密度以强化生产，与此同时，第一段电积还应获得较高的阴极铜产率，第二段电积则要实现铜与砷、锑的有效分离和深度脱铜，第三段电积时不析出氢气和砷化氢，并且要求尽可能降低黑铜中的铜、砷比。

控制阴极电势电积脱砷工艺对物料的适应性很强。三段电积法如下：

一段电积液中铜含量下降到 20g/L 时能产出合格阴极铜；二段电积液中铜含量下降到 3g/L 时能产出含铜 99.4% 的优质海绵铜；三段电积液中铜含量下降到 1g/L 时不析出氢气和砷化氢，各段电积时阳极产生氧气造成的酸雾也基本消除。该技术基本能解除有毒气体

AsH_3 的危害。

3.5.4　电积脱铜及除砷、锑、铋新技术应用

3.5.4.1　旋流电解技术简介

旋流电解技术是意大利迪若拉集团公司于 20 世纪 80 年代末创立并拥有专利的一项新型电解技术。格莱派斯公司是该技术在中国市场的唯一推广机构，并通过对该技术的进一步完善，在中国拥有对该技术的独立自主知识产权。目前该技术应用领域包括：铜、锌、镍、钴、铅、金、银及贵金属等多个方面，在全世界拥有几十家用户。

旋流电解技术突出优势包括：

（1）便携式或模块组装；

（2）应用领域广泛；

（3）溶液闭路循环，没有有害气体的排放；

（4）选择性地对金属进行电解沉积；

（5）较高的电流密度及电流效率；

（6）对低浓度溶液进行高效、高纯度的电解提取。

3.5.4.2　旋流电解技术原理

所有的电积技术均建立在电化学基础理论之上，旋流电解技术也不例外。传统的电积技术是将阴阳极放置在缓慢流动或停滞的槽体内，在电场的作用下，阴离子向阳极定向移动，阳离子向阴极定向移动，通过控制一定的技术条件，欲获得的金属阳离子在阴极得到电子沉积析出，从而得到电积产品。

阴极反应：金属离子在阴极得到电子形成金属：

$$Me^+(aq) + e \longrightarrow Me(s)$$

阳极反应：阴极得到的电子需要通过阳极失去电子来平衡。阳极有几个可能的反应，最主要的反应是溶液中的水氧化产生氧气，反应如下：

$$2H_2O \longrightarrow O_2(g) + 4H^+ + 4e$$

当电解液中的金属浓度降低时，很难保证金属在阴极还原而不发生其他反应。在金属浓度较低时最容易发生的化学反应是氢气的产生，如下：

$$2H^+(aq) + 2e \longrightarrow H_2(g)$$

旋流电解技术是基于各金属离子理论析出电位的差异，即欲被提取的金属只要与溶液体系中其他金属离子有较大的电位差，则电位较正的金属易于在阴极优先析出，其关键是通过溶液高速流动来消除浓差极化等对电解的不利因素，避免了传统电解过程受多种因素（离子浓度、析出电位、浓差极化、超电位、pH 值等）影响的限制，可以通过简单的技术条件生产出高质量的金属产品。

传统电解技术与旋流电解技术工作原理对比见图 3-5-1。

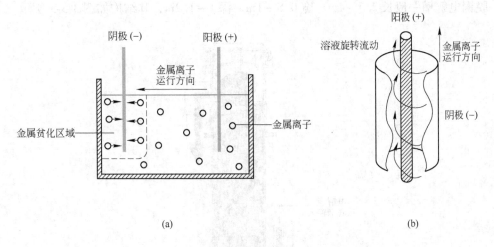

图 3-5-1　传统电解技术与旋流电解技术工作原理对比

（a）传统电解装置；（b）旋流电解装置

3.5.4.3　旋流电解装置工作过程

旋流电解装置的工作过程，见图 3-5-2。溶液在输液泵的作用下从槽底进入旋流电解槽，在槽体内高速流动。阴极析出金属沉积物。由于采用惰性阳极，因此在阳极上析出气体，该气体通过槽顶的排气装置随时排除并集中进行后序处理。旋流电解槽工作以若干个槽体为一个模块，单个旋流电解槽相当于传统电解槽的一对阴阳极。阴极产物定期（一般情况，阴极在达到一定重量时需要进行采集）从顶部取出（粉末从底部），重新放入始极片后继续电解。

3.5.5　铅阳极板

国内大多采用含银 1% 左右的含银合金板或铅锑合金板作为阳极。近年来，一种含银 0.2%、含钙 0.3% 的铅钙合金阳极板正在推广应用。

为减少阳极电流密度，往往把阳极板面制成小方格形，以增加阳极面积。为了避免酸雾侵蚀阳极导电棒，影响导电性能，通常在制作阳极时，将阳极导电棒两端用铅封死。

一般压延阳极可使用 2~3 年，铸造阳极只能使用 1 年左右。

3.5.6　脱铜电解槽

脱铜电解槽一般与电解精炼采用的电解槽基本相同，常为箱式电解槽，由长方形槽体附设的供液管、排液斗、出液斗的液面调节器等组成。槽体底部常做成由一端向另一端倾斜或两端向中倾斜，倾斜度为 3%，最低处开设排泥孔（大堵），用于排放海绵铜渣及结晶等。较高处有清槽用放液孔（小堵），高出槽底 140~200mm，用于排放电解槽上清液。

放液孔放出的液回集液槽，排泥孔放出的液同渣一起排放地坑，回收处理。放液孔、排泥孔都配有耐酸陶瓷或嵌有橡胶圈的硬铅制作的塞子，防止漏液。另外，槽体是混凝土的，在槽体底部还开设检漏孔，以观察内衬是否破损。钢筋混凝土电解槽壁厚一般为 80~120mm。

脱铜电解槽一般长 2.5 ~ 4m、宽 0.8 ~ 1m、深 1 ~ 1.2m，其结构如图 3-5-3 所示。

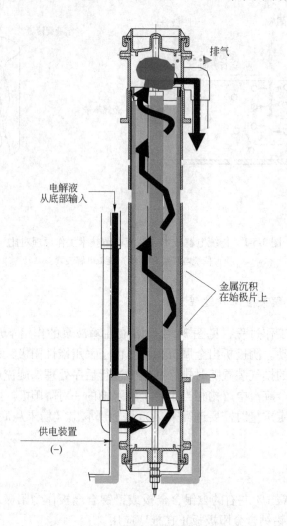

图 3-5-2 旋流电解装置工作示意图

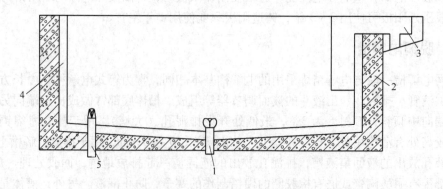

图 3-5-3 脱铜电解槽结构示意图

1—大堵管；2—钢筋混凝土槽体；3—导流板；4—防腐层；5—小堵管

　　脱铜电解槽安装在钢筋混凝土横梁上，为防止电解液滴在横梁上造成腐蚀漏电，在横梁上首先铺设 3～4mm 厚，比横梁每边宽出 200～300mm 的软聚氯乙烯保护板，然后在槽底四角垫瓷砖及橡胶板用以绝缘。通常由多个电解槽排成一列，两个相邻电解槽要留 20～30mm 的空隙。槽侧壁顶面覆以塑料（或硬橡胶板、瓷板和沥青油毛毡等）垫层，装设槽间导电板、绝缘分隔板，以支承阳极挂耳和阴极导电棒。

　　在更新安装新的电解槽时应注意以下问题：

　　（1）注意与邻槽的相接。相邻的电解槽要保持同等高度，以免在安装橡胶板（或瓷砖）时发生倾斜，左右两个相邻的槽间缝隙要均匀，防止因缝隙不均匀而引起一边的电解槽内阴极棒搭不到槽间导电棒上，或者虽然能搭上，但阴、阳极的中心已经偏离了电解槽的中心，造成阴、阳极不对称，而另一边阴极棒顶到槽间导电棒上，引起短路。保持一定的缝隙还可以使槽与槽之间绝缘。

　　（2）注意电解槽沿长度方向的水平，如果不平，将引起高的一端阴极露出液面较高，使电流密度升高，而另一端阴极浸在电解液中，引起断耳。

　　（3）注意电解槽与梁、柱之间的绝缘，在电解槽与梁、柱之间要铺上瓷砖或塑料。

3.5.7　脱铜电解槽电路连接

　　脱铜电解槽电路连接主要为复联法。

　　复联法连接是指在同一电解槽内阳极和阴极分别是并联的，如图 3-5-4 所示，即在同一电解槽内各阳极是等电位，下一槽的阳极与上一槽的阴极等电位。通过每个电解槽的电流强度，等于通过槽内各同名电极电流的总和，而槽电压等于槽内各对电极之间的平价电压降。

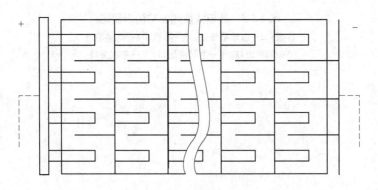

图 3-5-4　复联法连接示意图

　　复联法较适合工业化生产，虽然有许多缺点，国内绝大多数铜厂仍采用复联法连接。

3.5.8　脱铜电解加热设备

　　电解液温度是脱铜电解生产的一项较重要的技术条件，提高脱铜液温度，有利于加快离子的扩散速度，改善阴极铜析出质量，有利于降低电解液电阻，降低槽电压，减小电能消耗。

　　电解液在循环过程中，通过电解槽液面、槽壁和循环管管壁、回液流等大量散热，液温逐渐下降，因此，要不断补充这些部分热损失，对电解液进行加热。过去电解液加热是通过蛇形铅管（或不锈钢管）在循环槽中进行的，这种加热方式热交换效率低，耗气量大，酸雾大，操作环境恶劣，对厂房腐蚀也严重，所以有的工厂在一段脱铜生产合格阴极铜时采用了钛板式换热器。由于脱铜过程中阳极产生的氧气带出部分酸雾影响现场环境，因此，通常控制脱铜电积液的温度比可溶阳极电解液温度偏低。

图 3-5-5 为钛板式换热器的结构示意图。

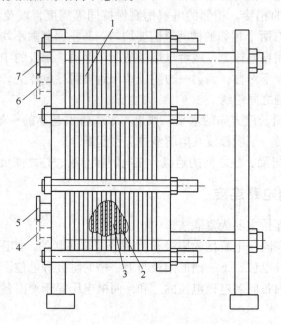

图 3-5-5　钛板式换热器结构示意图
1—钛板；2—电解液板面；3—蒸汽；4—电解液进口；
5—蒸汽出口；6—电解液出口；7—蒸汽进口

第 6 章　粗硫酸镍生产

经过脱铜电解后的溶液，一般铜含量小于 1g/L，酸质量浓度在 300g/L 以上，特别是用高酸结晶法生产硫酸铜时，其脱铜电解后液酸含量可达 350 ~ 450g/L。镍由于放电电位低，仍留在溶液中，通常镍含量在 30 ~ 50g/L。该溶液需进一步处理以回收镍及硫酸。通常镍以粗硫酸镍结晶和无水硫酸镍的形式加以回收，含酸母液返回电解系统。粗硫酸镍或无水硫酸镍经过再精制，获得精制硫酸镍。粗硫酸镍的生产目前采用三种方法：冷冻结晶法、直火浓缩法和电热蒸发法。

3.6.1　冷冻结晶法

冷冻结晶法将溶液冷却至 - 20℃，大部分镍呈硫酸镍析出，过滤后母液镍含量小于 10g/L，经加热、过滤后返回铜电解车间。采用冷却结晶法生产粗硫酸镍的优点是：硫酸损失少，劳动条件好，粗粒盐酸浓度低，在生产精制硫酸镍时不用水洗，可直接投料。缺点是：结晶后母液镍含量高，镍直收率低，只有 60% ~ 70%，设备多，占地面积大，动力消耗高，操作比较复杂。

3.6.1.1　冷冻结晶法生产粗硫酸镍原理

硫酸镍在硫酸溶液中的溶解度，随着酸度的增加而降低，随着温度的升高而升高，其关系如图 3-6-1 所示，因此，生产结晶硫酸镍依据的原理是根据硫酸镍在不同温度及酸度条件下溶解度不同，采用提高酸度和冷冻降温的方法来降低硫酸镍的溶解度，使硫酸镍从酸溶液中结晶出来的物理过程。

反应方程式为：

$$NiSO_4 + 7H_2O \Longrightarrow NiSO_4 \cdot 7H_2O$$

结晶过程分为三步进行：

第一步：硫酸镍结晶核生成；

第二步：晶核生长；

第三步：结晶体长大，生成结晶硫酸镍。

温度和酸度是控制硫酸镍结晶的两个主要条件，从图 3-6-1 中可以看出硫酸镍在硫酸中的溶解度很高，采用自然冷却和水冷式机械结晶机结晶时，结晶率很低，结晶的母液镍含量很高，净化系统镍的脱除率低，返回电解系统影响电解液质量。因此，通常采用冷冻降温的方法，把溶液降到更低的温度，使绝大部分硫酸镍结晶出来。

冷冻结晶是通过氨压缩机将盐水冷却到较低温度，然后用循环盐水冷却溶液，在低温下使溶液中的镍结晶出来。氨压缩机依据的原理是：物体冷冻剂发生物理状态变化，蒸发时要吸热，冷凝时要放热，利用这一物理特性，从而达到从冷却物质（盐水）中

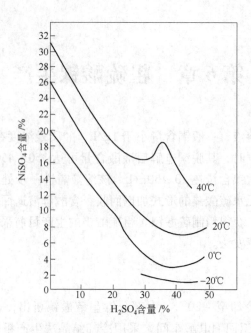

图3-6-1　硫酸镍的溶解度与溶液温度及酸度的关系

吸收热量，降低盐水温度的目的，并将所取出的热量传递给比它温度低的物质（水）而获得低温。冷冻硫酸镍时，盐水吸收了硫酸镍溶液的热量，氨吸收了盐水的热量，水吸收了液氨的热量并排出。图3-6-2为氨压缩机工作原理示意图，首先压缩机将蒸发器内低压氨蒸气吸入气缸里，经过压缩后的氨蒸气进入冷凝器内冷凝成液态氨，液态氨在蒸发器中蒸发吸收大量的热量，将氯化钙盐水冷却到 -20 ~ -40℃，再用此盐水冷却硫酸镍结晶前夜，使大量的硫酸镍结晶出来。氨压缩机制冷时，载冷剂氯化钙盐水相对密度在1.25以上。

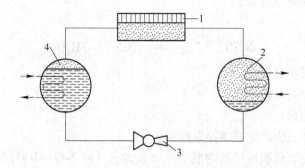

图3-6-2　氨压缩机工作原理示意图
1—压缩机；2—冷凝器；3—调节阀；4—蒸发器

氨压缩机采用氨（NH_3）作制冷剂，在有水分时，氨对铜和合金（除铸造锡青铜外）有腐蚀作用，与空气混合后有爆炸危险（爆炸浓度为16% ~ 25%），在使用操作过程中应特别注意。

3.6.1.2　冷冻结晶法生产粗硫酸镍技术条件及操作

目前使用的冷冻结晶槽有两种，一种为与硫酸铜结晶相同的机械搅拌水冷结晶槽，另一种为定型产品，即搪瓷反应罐。

将脱铜后液装入冷冻结晶槽内，该结晶机与硫酸铜水冷结晶机构造相同，只是生产硫酸铜结晶机夹套内通入冷却循环水，而生产硫酸镍的结晶机夹套内通氯化钙盐水。罐内有搅拌桨，搅拌装置的动力设备为行星齿轮摆线减速机，功率为 4kW，转速为 60r/min。搅拌主要是扩大散热面积，防止硫酸镍局部结晶。当结晶机进液一半时，就应开动搅拌，结晶机进满液后，盐水阀先开三分之一，1h 后开三分之二盐水阀，2h 后全开，生产过程中要调整好盐水流量，控制好冷冻速度，以防槽壁结晶，并按规定及时刷槽，以便提高冷冻效率。当溶液温度达到 0 ~ 10℃时，每小时均匀向结晶机内加入结晶硫酸镍作晶种，以其作为结晶核心，使硫酸镍晶体不断长大，溶液在冷冻槽内经过 10 ~ 12h 的搅拌结晶，温度到 −17℃时，取冷冻槽的上清液分析镍含量，确定结晶率的高低。若结晶率小于 12g/L，可将槽内冷冻液放入 WH-800 卧式活塞推料离心机离心，即得到粗结晶硫酸镍产品。结晶母液加热后返回电解系统补酸。采用该法获得的粗硫酸镍带有 7 个结晶水，分子式为 $NiSO_4 \cdot 7H_2O$。表 3-6-1 为粗硫酸镍结晶成分实例。

表 3-6-1　粗硫酸镍结晶成分实例

成　分	Ni	Cu	Fe	水　分
指　标	16 ~ 20	≤0.6	≤0.5	<11

在冷冻结晶过程中要尽可能提高冷冻结晶效率。所谓冷冻结晶效率就是指产出粗硫酸镍镍含量与原硫酸镍溶液镍含量的百分比，其计算公式如下：

$$硫酸镍结晶率 = \frac{产出硫酸镍镍含量}{结晶前液镍含量} \times 100\%$$

结晶率越高，镍在净化系统的脱除率越高，镍返回电解系统的量越少。通常影响冷冻结晶效率的因素有以下几点：

（1）结晶机装液酸含量。根据生产实践，冷冻结晶前液酸含量最好为 350 ~ 450g/L。酸含量低时，硫酸镍溶解度大，不利于粗硫酸镍的结晶析出。为满足含酸技术条件，对结晶前液或脱铜后液进行真空蒸发浓缩，一方面使酸达标，另一方面达到提镍的目的。若结晶前液酸含量不够，还需将酸含量配置在技术条件范围内。但酸度不能过高，酸含量过高，结晶颗粒过细，黏度大，离心分离困难，脱酸不易，造成粗硫酸镍生产精制硫酸镍过程中消耗较多的碱。

（2）冷冻结晶终点温度。硫酸镍在水溶液中的溶解度是随温度的下降而降低，也就是说在不同的温度条件下，硫酸镍结晶率是不同的，降低结晶温度，可提高硫酸镍结晶率。因此，冷冻温度一般以 −25 ~ −28℃ 为宜，硫酸镍大部分都可以析出，游离硫酸含量不大于 0.3%，以免堆放时影响环保及增加精制硫酸镍的生产成本。

（3）结晶机装液镍含量。在生产条件允许的情况下，要保持冷冻前液有较高的镍离子浓度，随着温度的降低，使其更易达到饱和状态，使结晶析出变得容易。

（4）晶种加入量及加入时机。硫酸镍与硫酸铜相比属于难形成结晶的物质。虽然溶液中硫酸镍已达到过饱和状态，但结晶中心还是难以形成。随着温度的继续降低，过饱和度增大，结晶趋势增大到一定程度，立即形成多结晶中心，结晶黏度过小，无法离心分离。因此在刚形成过饱和状态时，加入一定量的晶种（粗结晶硫酸镍），使其以此为结晶中心，在不断冷却的过程中，晶体慢慢长大，形成粗粒结晶，这样就能用离心分离的方法分离出结晶硫酸镍。

（5）冷冻降温速度。降温速度的控制主要是依靠调节冷却盐水的流量来实现的。循环量开得越大，温度下降得也越快，搅拌程度越激烈，散热快，降温速度也快。冷冻降温速度快，晶体不宜长大，结晶易变细，产品质量降低；降温速度慢，时间长，搅拌易将已长大的晶体打碎，同时使设备的利用率下降。因此，为保证结晶颗粒长大，使离心变得容易，要控制好冷冻降温速度。表 3-6-2 为冷冻结晶粗硫酸镍操作实例。

表 3-6-2　冷冻结晶粗硫酸镍操作实例

名　称	单　位	操 作 实 例	
		1	2
冷冻前液铜含量	g/L	< 1	< 3
冷冻前液酸含量	g/L	350 ~ 400	340 ~ 380
冷冻前液镍含量	g/L	35 ~ 60	28 ~ 32
冷冻盐水温度	℃	− 25 ~ − 30	− 30 ~ − 35
结晶温度	℃	− 20	− 25 ~ − 28
结晶时间	h	10	10 ~ 12
冷冻后液铜含量	g/L	0.5	5 ~ 8
冷冻后液酸含量	g/L	400	360 ~ 400
冷冻后液镍含量	g/L	< 11	10 ~ 18

结晶终点温度低，分离出的冷冻母液有硫酸镍结晶核心存在，并溶解有大量空气、悬浮物，直接返回电解系统，使阴极铜长针刺及粗糙粒子，所以返液前要经过加热过滤。加热是在中和槽或搪瓷釜中直接进行的，温度要达到 80 ~ 85℃，并保证加热时间以使硫酸镍结晶核心充分溶解，加热后要通过压滤机压滤后方可返回电解系统。有的厂家用吸滤盘过滤。吸滤盘一般由硬聚氯乙烯塑料板制成，分上、下两隔层，中间是带孔的筛板，上铺玻璃丝布，上部进液，下部用真空抽吸溶液，经过滤后的冷冻液返回电解，滤渣弃去。

3.6.2　直火浓缩法

直火浓缩法生产粗硫酸镍的优点是设备简单，镍直接回收率高，母液镍含量少。缺点是硫酸损失大，通常有 10% ~ 20% 的硫酸被蒸发，车间酸雾大，环境污染严重，加上需人工出料，劳动条件恶劣。直火浓缩锅腐蚀严重，寿命很短。现在直火浓缩法除条件简陋的工厂外，一般不宜采用。

3.6.2.1　直火浓缩法生产粗硫酸镍原理

硫酸镍在稀硫酸中的溶解度相当大，但是在浓硫酸中几乎不溶解。当硫酸含量提高至 1000～1200g/L 时，镍几乎全部以无水硫酸镍（俗称黄渣）的形式析出，溶液中其他杂质铜、铁、锌等也绝大部分析出，混入无水硫酸镍中。利用此原理从溶液中提取的镍是无水硫酸镍，由于浓缩时采用火焰直接加热，所以称直火浓缩。

3.6.2.2　直火浓缩法生产粗硫酸镍的技术条件及操作

用于直火浓缩的设备一般是由厚铁板制成的。在酸浓度低于 40% 时，硫酸对铁有剧烈的腐蚀性，脱铜、脱砷、脱锑后液酸含量只有 300～400g/L，故在直火浓缩前要进行预处理，把溶液浓缩至密度 1480～1500kg/m³，然后再在直火浓缩锅中进行浓缩。脱铜、脱砷、脱锑后液预先浓缩，有的在带有蛇形铅管的浓缩槽中进行，用蒸汽加温浓缩，有的在衬铅铁锅内直火加温浓缩。经过预浓缩的脱铜、脱砷、脱锑后液，再送往直火浓缩锅进行浓缩，所采用的燃料为煤。溶液一直浓缩到密度为 1600～1650kg/m³。此时溶液酸含量为 1000～1200g/L，大部分镍呈无水硫酸镍析出。经澄清分离后，上清液为浓缩酸液，镍含量小于 6g/L，返回电解使用，无水硫酸镍则送去回收镍。

为使直火浓缩连续进行，有的工厂将预浓缩和直火浓缩两步结合在一起，在阶梯式的直火浓缩炉中进行。炉中有七个呈阶梯形的铁锅，前四个锅内衬铅皮，起预浓缩作用，后三个锅不衬铅皮，起直火浓缩作用。燃烧室采用煤气或烟煤加热，烟气由锅底通过。

将脱铜、砷、锑后的溶液，由高位槽通过供液管恒定注入第一锅内，依此向下流动，逐渐进行浓缩，溶液一直浓缩至密度为 1600～1650kg/m³，大部分镍呈无水硫酸镍析出，将此溶液放在沉淀槽内，待沉淀物澄清分离后，分别取出上面的浓硫酸溶液，然后铲出下面的无水硫酸镍，残留在锅底的沉淀物需经常进行清除。

在浓缩过程中，为了调整各个锅中溶液密度，在四号锅、五号锅上也设有供液管。操作时必须严格控制进入五号锅的溶液密度，不使其小于 1600～1650kg/m³。为防止五号锅受到腐蚀，此锅可用不锈钢制作。

A　技术操作条件选择

各过程的技术操作条件见表 3-6-3。

表 3-6-3　蒸汽-直火浓缩技术操作条件

名　称	单　位	操作条件
母液脱铜后液量	m³/d	10
母液脱铜后液铜含量	g/L	<1
母液脱铜后液酸含量	g/L	<350
蒸汽浓缩后液量	m³/d	5
蒸汽浓缩后液硫酸含量	g/L	750
蒸汽浓缩后液密度	t/m³	1.48～1.50

续表 3-6-3

名　称	单　位	操 作 条 件
蒸汽浓缩时间	h	48
直火蒸发后液硫酸含量	kg/L	1 ~ 1.2
直火蒸发后液密度	t/m³	1.6 ~ 1.65
直火蒸发时间	h	6 ~ 6.5
粗硫酸镍澄清时间	h	>8

B　产物

（1）回收酸。一般硫酸含量为 1000 ~ 1500g/L，镍含量小于 6g/L 可返回铜电解车间作补充硫酸使用。

（2）无水硫酸镍。其化学成分实例见表 3-6-4。

表 3-6-4　无水硫酸镍化学成分实例

元　素	Ni	Cu	Fe	Zn	Pb	Mg	Co	H_2SO_4
g/L	17 ~ 20	1 ~ 2	0.8 ~ 1.5	0.8 ~ 1.5	0.005 ~ 0.2	0.3 ~ 0.6	0.01 ~ 0.15	20 ~ 30
%	20.24	0.84	4.61	0.702	0.13			

C　技术经济指标

表 3-6-5 为蒸汽-直火浓缩的主要技术经济指标。

表 3-6-5　蒸汽-直火浓缩生产粗硫酸镍主要技术经济指标

名　称	单　位	指　标
浓缩槽蒸发能力	kg/(m²·h)	16 ~ 18
直火浓缩锅蒸发能力	kg/(m²·h)	67 ~ 70
吨无水硫酸镍蒸汽消耗	t	10
吨无水硫酸镍煤消耗	t	1.25
镍直收率	%	88

D　主要设备选择

（1）浓缩槽。浓缩槽一般为圆形槽，槽体采用钢筋混凝土外壳，内衬铅板，槽底设加热用铅盘管。

（2）直火浓缩锅。直火浓缩锅材料为钢制，为防止无水硫酸镍沉淀物沉积锅底影响传热，锅制成 U 形，使锅侧面受热。直火浓缩锅的构造如图 3-6-3 所示。

3.6.3　电热蒸发法

电热蒸发法为 20 世纪 80 年代从国外引进的新方法，其主要原理是用三电极插入溶液

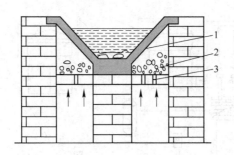

图 3-6-3　直火浓缩锅
1—钢锅；2—燃煤；3—炉条

中加热蒸发，使溶液浓缩至酸含量为 1100g/L，经机械搅拌水冷结晶槽冷却，镍呈硫酸镍结晶大量析出，经过滤后，母液镍含量小于 3g/L，返回铜电解车间。

电蒸发优点是：自动化程度高，劳动强度小，设备密闭，蒸发出的气体经处理后排放，环保效果好，回收酸质量高，镍含量低。缺点是：消耗电较多，供电紧张的地区不宜使用。

3.6.3.1　电热蒸发法生产粗硫酸镍原理

电热蒸发法用三根石墨电极插入装有溶液的浓缩槽，电源装置输出较高的电流到电极，通过溶液自身的电阻产生热使溶液沸腾，在常压状态下蒸发水分从而浓缩溶液，蒸发出的气体由排气系统送酸雾吸收塔净化后排放，浓缩液经水冷结晶槽冷却，真空吸滤后得粗硫酸镍产品。

3.6.3.2　电热蒸发法生产粗硫酸镍技术条件及操作

电热浓缩法生产粗硫酸镍采用的设备及相互之间的连接关系见图 3-6-4。

在图 3-6-4 的设备中，电热浓缩槽及其电源装置为整个设备的核心。

电热浓缩槽为钢制内衬铅和耐酸瓷砖，上部是内层为搪瓷铅的密封盖，盖上设有三个电极孔以及进液、测温、气体排出管口和检修人孔，石墨电极与槽盖上的电极孔之间有绝缘套。浓缩后的溶液从槽侧面溢流口溢出，在溢流口上部装有试镜用以观察出液情况。电极上部有挂钩连起吊设备用以升降电极。图 3-6-5 所示为电热浓缩槽结构示意图。

浓缩槽电极是由两根长 1.6m 的短电极用螺纹连接而成，在使用一段时间后，电极顶端会有损耗，损耗了一定的长度后，可以更换下面一节。

在正常的蒸发状况下，电极插入溶液后顶端距槽底 300mm 左右，当电热浓缩槽停止工作一天以上时，需将电极吊起。

电极在使用一段时间后，需清理表面的结垢，否则电极的接触电阻上升，会增加电耗。电热蒸发后的浓缩液经水冷结晶槽冷却，真空吸滤后得粗硫酸镍产品。各过程的技术条件及操作如下。

A　技术操作条件选择

电热蒸发法对溶液酸含量和镍含量没有特定的要求，一般硫酸含量在 200g/L 以上，

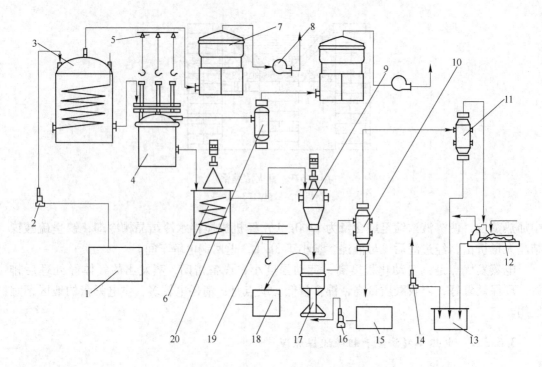

图 3-6-4　电热浓缩法设备连接示意图

1—储液槽；2—酸泵；3—蒸汽浓缩槽；4—电热蒸发槽；5—环链电葫芦；6—镍水冷结晶槽；
7—酸雾净化塔；8—排风机；9—中间搅拌槽；10—真空受液器；11—汽水分离器；
12—真空泵；13—地坑；14—污水泵；15—回收酸槽；16—铅泵；17—真空
吸滤盘；18—粗硫酸镍斗；19—电动葫芦；20—除雾器

镍含量大于 20g/L，铜含量低于 1g/L。溶液通过调节阀按给定值连续进入电热蒸发槽，电源装置给出与蒸发量相对应的功率，使溶液温度保持在 170℃（沸点）左右，蒸发后溶液酸含量约为 1100g/L，溶液连续溢流至水冷结晶槽，通过调节阀调节冷却水量使温度保持在 45℃左右。粗硫酸镍结晶大量析出，用真空吸滤盘过滤。表 3-6-6 为电热蒸发槽操作条件实例。

表 3-6-6　电热蒸发槽操作条件实例

名　称	单　位	操　作　条　件	
		1	2
蒸发前液酸含量	g/L	500～600	310
蒸发前液镍含量	g/L	25～30	约19
蒸发温度	℃	170	170
进电蒸发槽溶液量	m^3/d	0.6	0.8
出电蒸发槽溶液量	m^3/d	0.27	0.2
出电蒸发槽溶液酸含量	g/L	1100	1100
出电蒸发槽溶液镍含量	g/L	46～56	65
水冷结晶槽结晶温度	℃	45	36

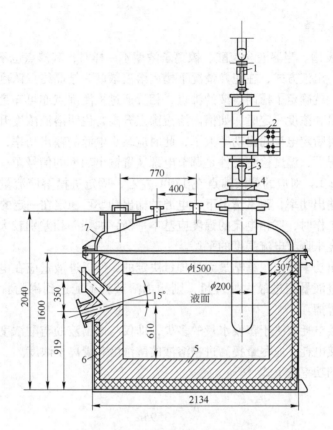

图 3-6-5　电热浓缩槽结构示意图

1—吊挂装置；2—接线板；3—电极；4—绝缘瓷瓶；5—砌体；6—钢壳体；7—槽盖

B　产物

电热蒸发产出的粗硫酸镍成分实例如下：Ni 24g/L，Fe 1g/L，游离 H_2SO_4 10g/L。

C　技术经济指标

表 3-6-7 为电热蒸发生产粗硫酸镍技术经济指标。

表 3-6-7　电热蒸发生产粗硫酸镍主要技术经济指标

名　称	单　位	指　标	
		1	2
电热蒸发槽蒸发能力	kg/h	600	600
1t 硫酸镍电耗	kW·h	5000	13500
1t 硫酸镍水耗	t	100	362
镍直收率	%	90	90

D 主要设备选择

(1) 电热蒸发槽。当溶液含硫酸、镍离子浓度不一样时，其沸点也不相同。由于浓缩工程采用连续进、出液方式，在正常情况下槽内溶液浓度为结晶终点浓度，所以选择了浓缩的终液浓度后，就确定了槽内溶液的沸点，相反通过检测沸点亦可知道溶液的浓度。当加入蒸发槽溶液量和浓度一定时，如槽内溶液沸点升高，说明溶液浓度升高，即溶液蒸发的水量增加了，可断定电源输出功率大了，此时应减小电源的输出功率，反之则加大输出功率，在这种情况下，温度检测元件是调节电源装置输出功率的信号源。一般控制蒸发终液的浓度在 1100g/L，对应的溶液沸点在 170℃ 左右，固定进槽溶液流量，由检测沸点温度来调节电源的输出功率，正常情况下，电源的输出功率可稳定在一定的范围。

电热浓缩槽工作时，三相电流的强度应基本平衡，如某一相差别较大，可通过调节这根电极的插入深度来调节电流强度的平衡。

电源最大输出功率是由浓缩槽最大处理量决定的，所以进液量应在电热浓缩槽的处理量范围之内，如进液量超过最大处理量，则槽内溶液就不能达到沸腾状态，浓缩速度减慢，溶液还产生冒槽。

浓缩槽的直接电耗取决于蒸发水量的多少，即仅与进出液的硫酸浓度有关，所以减小电热浓缩槽的直接电耗，应尽量提高进槽溶液的酸浓度和镍离子浓度。

电热蒸发槽的功率按下式计算：

$$N = \frac{Q}{3595n}$$

式中　N——蒸发过程所需功率，kW；

　　　Q——蒸发过程所需热量，kJ/d；

　　　n——日蒸发时间，h，最好 24h 连续运转；

　3595——热工换算系数，1kW = 3595kJ。

蒸发过程中所需热量 Q 按下式计算：

$$Q = Q_1 + Q_2 + Q_3$$

式中　Q_1——溶液加热到 170℃ 所需热量，kJ/d；

　　　Q_2——蒸发水量所需汽化潜热，kJ/d；

　　　Q_3——设备散热，kJ/d。

$$Q_1 = (170 - t_1) c_p$$

式中　c_p——溶液比热容，kJ/(kg·℃)；

　　　t_1——进电蒸发槽溶液温度，℃。

$$Q_2 = M c_v \times 10^3$$

式中　M——电蒸发槽蒸发水量，m³/d；

　　　c_v——水在 170℃ 时汽化潜热，kJ/kg。

Q_3 计算较复杂，一般可按经验数据取值，在溶液蒸发温度为 170℃ 时，直径在 2.5m

以下的电热蒸发槽，Q_3 可取 $41MJ/h \times n$（工作时间）。

（2）水冷结晶槽。电热浓缩槽的浓缩液连续溢流进水冷结晶槽，溶液温度 170℃、H_2SO_4 质量浓度 1100g/L，密度 1700kg/m³ 左右，冷却结晶槽液采用连续进、出液方式，槽内温度控制在结晶终点温度，即 40℃ 左右。水冷结晶槽内预先加满冷溶液，通过调节阀调节冷却水量，边冷却边进热溶液，由于进来热溶液量少，与低温溶液混合后温度很快下降至 40℃ 左右。水冷结晶槽采用盘管冷却，壳体为普通钢板焊制，内衬铅，盘管用铅或能耐质量分数为 70% 硫酸的不锈钢制作。

由于水冷结晶槽出液为上部连续溢流，而且溶液密度大，所以对搅拌桨的形式和速度都有特殊要求，否则硫酸镍结晶易沉入槽底，堵塞盘管的缝隙，影响水冷效果，并使槽子有效体积减小。

水冷结晶机的盘管冷却面积计算式如下：

$$F = \frac{Q}{Kn\Delta t}$$

式中　F——盘管冷却面积，m^2；

Q——需要的制冷量，kJ/d；

K——传热系数，K 值因材质而异，用不锈钢时，可取 2320；用铅材时，可取 1160，$W/(m^2 \cdot ℃)$；

n——冷却时间，与电热蒸发槽工作时间相同，h；

Δt——平均温度差，℃，

$$\Delta t = \frac{(t_{进} - T_{出}) - (t_{出} - T_{进})}{\ln \dfrac{t_{进} - T_{出}}{t_{出} - T_{进}}}$$

$t_{出}$——溶液出口温度，℃；

$t_{进}$——溶液进口温度，℃；

$T_{出}$——冷却水出口温度，℃；

$T_{进}$——冷却水进口温度，℃。

（3）过滤设备。浓缩和结晶过程均为连续，过滤设备也连续运行，但采用离心机或真空吸滤盘在操作上都难以实现连续，而带式连续真空过滤机虽处理量大，但价格高，材质耐腐蚀难解决，所以通常采用中间槽进行过渡。中间槽带有慢速搅拌桨，上部有溢流口溢流上清液，底部料浆经过一段时间放出。

电热浓缩，水冷结晶产出的粗硫酸镍晶粒细，料浆较黏稠，比冷冻结晶核直火浓缩产出的粗硫酸镍难过滤，如采用离心机过滤，分离因素大，过滤出的粗硫酸镍含吸附酸少，但离心机易产生飞溅，设备本身也容易腐蚀，不太安全。采用真空吸滤盘过滤出的粗硫酸镍含吸附酸高，约 15% 左右，但操作方便安全，所以多采用真空吸滤盘过滤。过滤时尽量提高真空度，否则含吸附酸太高对下一步处理不利。

真空吸滤盘的过滤速度与滤渣阻力有关。滤渣越厚，阻力越大。图 3-6-6 所示为粗硫酸镍的过滤速度曲线。

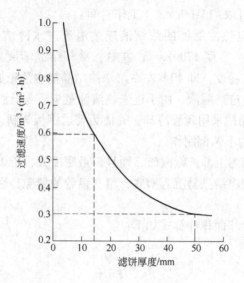

图 3-6-6   粗硫酸镍过滤速度曲线

真空吸滤盘的过滤面积计算式如下：

$$F = \frac{Q}{Vn}$$

式中 F——真空吸滤盘的过滤面积，m^2；

Q——需过滤的浆液体积，m^3；

V——过滤速度，$m^3/(m^2 \cdot h)$；

n——过滤时间，h。

第 7 章　主要经济技术指标

3.7.1　回收率、直收率及残极率

3.7.1.1　回收率

回收率是指在铜电解精炼过程中产出的阴极铜所含铜量占实际消耗物料所含铜量的百分比。回收率在生产中不仅反映了车间的技术水平及经济效益，而且也反映出车间的管理水平。其计算公式为：

$$\eta_{回} = \frac{W_{Cu}}{W_1 + W_2 - W_3 - W_4} \times 100\%$$

式中　$\eta_{回}$——回收率，%；

　　　W_{Cu}——阴极铜含铜量（入库阴极铜量乘以阴极铜平均品位（加权平均）），t；

　　　W_1——前期结存（电解槽内外结存的阳极、再用残极、槽内阴极铜、槽外始极片、电解液等含铜量），t；

　　　W_2——本期收入（阳极板、外来液等含铜量），t；

　　　W_3——本期付出（残极、废铜屑、净化电解液、阳极泥等含铜量），t；

　　　W_4——本期结存的铜量，t。

回收率是对金属铜回收程度的标志。提高回收率可在同一原材料情况下增加阴极铜产量，减少金属流失、降低成本、增加利润。因此提高回收率是车间生产经营的重点工作之一。铜电解回收率一般为 99.6% ~99.8%。

提高电解回收率的主要措施有：

（1）加强物料管理。铜耳、铜屑、铜粒子、残极等做到及时回收，妥善存放，定期返回熔炼车间。

（2）加强冶金槽罐、管道、阀门的维护检修，防止跑、冒、滴、漏。

（3）加强操作管理，杜绝冒槽、冒罐和溶液溢漏。

（4）加强对各种废液的回收工作。如阳极槽洗水、烫洗阴极铜水，清理作业场地用水等。

（5）加强物料进出的计量工作。

（6）防止铜形成不可回收的损失。如溶液渗入地下、金属铜料或含铜物料在运输过程的损失等。

3.7.1.2　直收率

直收率是指在铜电解精炼过程中产出的阴极铜所含铜量占实际投入物料所含铜量的百

分比，其计算公式为：

$$\eta_{直} = \frac{W_{Cu}}{W_1 + W_2 - W_4} \times 100\%$$

式中　　　　　$\eta_{直}$——直收率，%；

W_{Cu}，W_1，W_2，W_4——代表意义同3.7.1.1节的回收率公式。

铜电解直收率是对金属铜原料利用程度的标志，直收率的高低在一定程度上体现了一个车间生产技术水平的高低。

影响电解直收率的因素如下：

（1）残极率过高。

（2）液净化量大，导致净化溶液中的铜以海绵铜板（渣）等形式返回重熔。

（3）种板生产的铜皮质量差、铜皮剪切等形成的边角铜料量大，利用率低。

（4）阳极板主品位低，含氧高，阳极泥率高，带走的铜量增大。

（5）跑冒滴漏等因素造成铜的直接损失。

提高电解直收率的主要措施如下：

（1）在不影响阴极铜质量的前提下，尽量降低残极率。

（2）减少阳极泥中的水溶铜。

（3）提高铜皮的合格率、利用率，减少铜皮的切边。

（4）提高阴极铜质量，减少粒子生成。

（5）加强操作管理，减少阳极断耳。

3.7.1.3　残极率

残极率是指产出残极量占投入阳极量的百分比。其计算公式为：

$$N = \frac{m}{M_1 \pm \Delta m} \times 100\%$$

式中　N——残极率，%；

M_1——残极产出量，t；

Δm——期初期末槽存阳极量差额，t。

电解精炼过程中产出的残极，一般都返回精炼炉重新熔铸阳极（部分根据生产情况而进行中和溶解，补充生产中的铜离子）。降低残极率可以减少重熔加工费和金属损失，以达到降低成本的目的。但是，过低的残极率会造成残极面积过小，使实际的电流密度增大，阴极铜析出质量发生恶化，槽电压升高，电力消耗增加，对生产经营不利。一般残极率控制在15%～20%之间。

影响残极率的因素如下：

（1）阳极的形状及几何尺寸。阳极的挂耳越大残极率越高，阳极身部越大、越厚，残极率越低，阳极板厚薄不均，残极率升高。

（2）阳极的化学成分。阳极含杂质（铅、镍、氧等）较高时，易造成阳极钝化，使残极率升高。

（3）电流密度与阳极周期。电流密度和阳极周期选择不合理会导致残极率过高。

（4）槽面管理水平。

降低残极率采取的措施如下：

（1）设置残极槽。将出两极时较厚的残极挑出来装入残极槽中再进行电解，使阳极得到充分利用。

（2）加强残极挑选工作。按照生产具体情况，制订残极标准，合理利用残极。

（3）加强再用残极的管理。挑选出来的再用残极要整齐堆放以便再用，防止人为的机械损伤。

（4）用提、压溜相结合的方式均匀溶解阳极。

3.7.1.4　正确处理直收率与残极率的关系

直收率和残极率指标在电解精炼中是一对相互制约的指标体系。在实际生产中，降低残极率，是降低成本、最直接、最有效提高直收率的手段。但降低残极率，会对阴极质量产生影响，过低不仅使残极槽的阴极析出质量恶化，而且使劳动强度增加，若采用大极板机组作业，残极过薄易弯曲等情况会影响机组的正常作业，从而使残极的洗涤运输作业成为整个电解生产工序的瓶颈，影响到整个电解作业的顺利进行，使电解生产处于恶性循环状态。但残极率升高，则直收率就会下降，导致返炼金属物料量增加，吨铜生产所需原料量升高，电解生产成本增加。因此，应根据企业的生产实际，确定合理的指标体系，以获取好的产品质量和经济效益。

3.7.2　电流效率与槽电压

3.7.2.1　电流效率

电流效率在铜电解精炼中通常专指阴极电流效率，指在铜电解精炼过程中，阴极的实际析出量与理论析出量的百分比。计算公式为：

$$\eta = \frac{M}{qInt \times 10^{-6}} \times 100\%$$

式中　η——电流效率，%；

M——n 个电解槽实际阴极析出量，t；

q——铜的电化当量（1.1852g/（A·h））；

I——电流，A；

t——通电时间，h；

n——电解槽个数。

在实际电解生产过程中，由于设备、生产操作、电化学反应等诸多影响因素存在，因此实际生产过程中，阴极铜的析出量总是小于理论析出量，电流效率不可能达到百分之百。一般生产厂的阴极效率平均在96%～97%之间。

影响电流效率的主要因素如下：

（1）漏电。

1) 导电排对地漏电。导电排绝缘不良，或与蒸汽管道、水管道等金属管道导体相连而引起漏电。经常有水和酸雾喷溅导电排时也容易引起漏电。将铜棒、金属工具、废铜皮、残极等斜靠导电排上也会造成漏电。

2) 电解槽漏电。电解槽渗漏产生的结晶以及放液管、放阳极泥管下底部周边产生的结晶容易潮湿而形成导体漏电。

3) 电解液循环过程漏电。每个电解槽的电解液都有一定电位，在电解液循环过程中，电解液在回液溜子中混合，也产生漏电。

（2）阴极的化学溶解。

1) 由于电解液循环过程中常会溶解一定量的空气，致使空气中的氧溶于电解液，另外在阴极电解过程往往会产生一些氧，因此电解液中有一定的氧量。氧的电极电位（0.4V）比铜的电极电位（0.34V）高，所以氧可以将阴极铜氧化成二价，生成氧化铜，然后溶于硫酸生产硫酸铜。反应式为：

$$Cu + H_2SO_4 + \frac{1}{2}O_2 = CuSO_4 + H_2O$$

当电解液中存在三价铁离子时，三价铁离子也可以将阴极铜氧化成二价铜离子。

2) 技术条件对阴极铜溶解的影响。阴极铜的化学溶解随电解液温度的升高，游离酸浓度的增加以及铜离子浓度的降低而加剧。

通常因化学溶解而造成的电流效率降低率为 0.25% ~ 0.75%。

（3）极间短路。极间短路是电流效率下降的主要原因之一。造成短路的原因有：

1) 阴、阳极表面不平、加工质量差。

2) 极板排列不均，两极间距离不一致。

3) 导电不均，个别电极电流密度大，生成粒子引起短路。

4) 相邻槽同种电极接触。

（4）其他。

过高的电流密度、阳极含较高杂质等也是影响电流效率的因素。电流密度过高除使阴极铜长粒子外，还会造成浓差极化，而导致氢或其他杂质放电析出。阳极含杂质较高时也会使杂质在阴极析出而影响电效。

同时，当溶液中有 Fe^{2+} 时，在阳极上将会发生氧化反应：

$$Fe^{2+} - e \longrightarrow Fe^{3+}$$

在阴极上又会被还原：

$$Fe^{3+} + e \longrightarrow Fe^{2+}$$

这样，铁离子在阴极和阳极之间来回"拉锯"而无意义地消耗电能，降低了电流效率。

3.7.2.2　槽电压

槽电压通常指平均槽电压，是电解槽两极间的平均电压降。一般所计算的槽电压指标是指各个电解槽压降的平均值。计算公式为：

$$\overline{V} = \frac{\overline{V}_{总} - \overline{V}_{损}}{n}$$

式中 $\overline{V}$——电解槽平均电压降，V；

  $\overline{V}_{总}$——平均总电压，V；

  $\overline{V}_{损}$——线路损失，V；

  n——平均开动电解槽数，台。

  槽电压是影响电耗的重要因素，槽电压由电解液电位降、金属导体（包括导电板、阳极、阴极、阴极铜棒等）电位降、接触点电位降、克服阳极泥电阻的电位降、浓差极化引起的电位降等组成。槽电压组成表达式为：

$$\overline{V} = V_{极} + IR_1 + IR_2 + IR_3 + IR_4$$

式中 $\overline{V}$——槽电压，V；

  IR_1——电解液电阻 R_1 电位降，V；

  IR_2——接触点电阻 R_2 电位降，V；

  IR_3——阳极泥电阻 R_3 电位降，V；

  IR_4——金属导体电阻 R_4 电位降，V；

  I——通过电解槽的电流强度，A。

  槽电压随电流密度的提高而上升。上式中 IR_1、IR_2 和 IR_3 是影响槽电压的主要因素。电解液电位降与极间距离、电解液温度、金属离子的总浓度、添加剂加入量等因素有关。极间距大、电解液温度低、金属离子浓度大、胶等增极化添加剂加入量大，则 IR_1 增大，反之 IR_1 减少。接触点电位降与各接触点接触的好坏密切相关，阳极与导电板、阴极与导电板、阴极挂耳与阴极棒等接触的越好，挂耳和始极片铆合的越牢固，则 IR_2 越小。阳极泥电位降与阳极成分和电解液黏度有关，阳极板杂质含量越高，阳极泥量越大，电解液黏度越大，阳极泥越不易脱落，阳极泥变得越厚，则 IR_3 越大。

3.7.3 主要单耗指标

3.7.3.1 电能单位消耗

铜电解车间电耗有两种，一种是直流电单耗，一种是交流电单耗。

A 直流电单耗

直流电单耗是指单位产品产量所消耗的直流电量。计算公式为：

$$W = \frac{Q_{直}}{M}$$

式中 W——直流电单耗，kW·h/t；

  $Q_{直}$——直流电消耗量，kW·h；

M——阴极铜产量, t。

式中直流电消耗量包括商品槽、种板槽、脱铜槽、再用残极槽耗电量, 以及漏电、线路损失等直流电消耗量。阴极铜产量指入库合格阴极铜的产量。一般直流电能消耗为 $230 \sim 280 kW \cdot h/t \ Cu$。

影响直流电单耗的因素:

直流电单耗大体可以分为有效单耗和无效单耗两部分。无效单耗为线路等损失, 一般较小, 可以忽略不计。有效电耗与槽电压及每吨阴极铜所消耗电量存在如下关系:

$$W = QV \times 10^{-3} = \left(V / \frac{1}{Q} \right) \times 10^{-3}$$

式中　W——直流电单耗, $kW \cdot h/t$;

　　　Q——每吨铜耗电量, $kW \cdot h$;

　　　V——槽电压, V。

　　　$\frac{1}{Q}$——1 A·h 析出的阴极铜量, t, 相当于 $1.1852\eta/1000 \times 1000$, η 为电流效率。

　　　　　则有:

$$W = \frac{1000V}{1.1852\eta} (kW \cdot h/t)$$

从上式可以看出, 影响直流电单耗的主要因素有槽电压和电流效率。因此降低槽电压、提高电流效率是降低电单耗的有效手段。

B　交流电单耗

交流电单耗是指单位产品产量所消耗的交流电量, 表达式如下:

$$W' = \frac{Q_{交}}{M}$$

式中　W'——交流电单耗, $kW \cdot h/t$;

　　　$Q_{交}$——交流电消耗量, $kW \cdot h$;

　　　M——阴极铜产量, t。

交流电耗量包括高压和低压交流电的全部消耗量, 一般有机电设备用电, 生活生产用电等。

影响交流电单耗的因素如下:

(1) 用电设备的电能利用率。

(2) 用电设备的选择配置及合理使用。

(3) 用电的管理。

(4) 节能措施的应用。

(5) 适当提高电解液的温度和酸度。

3.7.3.2 蒸汽单耗

蒸汽单耗是指单位产品阴极铜所消耗的蒸汽量，其表达式如下：

$$t = \frac{T}{M}$$

式中 t——蒸汽单耗，t/t；

     T——蒸汽消耗量，t；

     M——阴极铜产量，t。

蒸汽消耗量为生产、生活等蒸汽消耗总量。影响蒸汽单耗的主要因素如下：

（1）电解液温度。电解液的温度越高，与周围空气的温度差越大，散热损失也就越大，给电解液加温要补充的热量也就越多。

（2）阴极铜烫洗。除电解液加温外，阴极铜烫洗消耗的蒸汽量也很大。

（3）换热器热效率。在加温电解过程中，换热器换热效率高，可以直接节省蒸汽。

（4）气候影响。北方和海拔较高的地区因季节性气候的变化，一般比南方工厂蒸汽单耗大，因此应搞好保温防寒工作。

蒸汽单位消耗主要与电解槽及各类贮槽的表面覆盖和槽壁保温措施有关。在无措施的情况下一般为 1.0～1.5t/t Cu，当电解槽面采用覆盖、槽壁及管道采取保温措施，并将各贮槽加盖的情况下，消耗一般为 0.2～0.6t/t Cu。

3.7.4 产品成本、加工费与劳动生产率

3.7.4.1 产品成本

产品成本是指企业在一定时期内（如月、季、年），为生产一定种类和数量的产品所支出的各种生产费用总和。产品成本主要包括直接材料、直接人工和制造费用三项，广义上的产品成本还包括生产过程中要发生的各种各样生产消耗，如动力费用、材料费用、工资、车间经费、企业管理费、销售费用等。月产阴极铜 2000t 成本明细表范例见表 3-7-1。

表 3-7-1 月产阴极铜 2000t 成本明细表范例

项目名称	本期消耗金额/元	单位产品消耗金额/元	占总成本/%
原料费	9045183.92	4522.59	约 97.8
车间经费	97330.00	48.67	1.05
企业管理费	103180.00	51.59	1.12
工厂成本	9245693.00	4622.85	100.00

降低产品成本的途径如下：

（1）加强技术管理提高金属回收率，降低残极率，使原材料的利用率不断提高。

（2）开展综合利用，搞好电解精炼过程中有价副产品的有效回收。

（3）降低车间的加工费。

3.7.4.2　车间加工费

车间加工费是指生产车间在某一产品过程中的各项消耗，如动力费、材料费、车间经费、职工工资等。它与产品成本不同的是车间加工费不包括原材料费和企业管理费，它所体现的是车间在组织生产过程中的经济效果。月产阴极铜 2000t 车间加工费明细表范例见表 3-7-2。

表 3-7-2　月产阴极铜 2000t 车间加工费明细表范例

项目名称	本期消耗金额/元	单位产品消耗金额/元	占用车间加工费用/%
辅助材料	6530.00	3.27	6.73
硫 酸	556.86	0.28	0.06
硫 脲	129.84	0.31	0.01
干酪素	775.17	0.39	0.08
骨 胶	604.65	0.30	0.06
密封胶	3733.25	1.87	3.84
动力费	67398.50	33.70	69.41
电	43550.00	21.78	44.85
蒸 汽	23750.00	11.87	24.40
水	98.50	0.05	0.01
工 资	2740.00	1.27	2.82
车间经费	20661.50	10.33	21.28
车间加工费	97099.99	48.55	100.00

降低车间加工费的途径如下：

（1）大力降低动力费用支出。即降低电、蒸汽和水的消耗。

（2）加强冶金和机械设备的维护保养，减少维修费用。

（3）加强材料备件管理，科学、合理地选材料、选设备和备件，延长材料、设备、备件使用寿命，降低材料消耗，同时做好修旧利废和班组经济核算工作。

（4）降低辅助材料的消耗。

3.7.4.3　劳动生产率

劳动生产率通常以单位时间，单位劳动所生产出的产品数量来表示。劳动生产率是衡量一个生产单位科学技术水平、生产工艺水平和生产组织、劳动组织管理水平的标志。

电解车间实物劳动生产率为车间年产阴极铜量与车间劳动定员数的比值，即：

$$\eta = \frac{M}{n}$$

式中　η——车间实物劳动生产率，$t/(人·a)$；

M——年产阴极铜量，t；

n——车间劳动定员数。

劳动生产率提高的途径如下：

（1）采用先进的工艺技术，例如铜电解传统的小极板生产人均年产铜只能够达到数十或者数百吨/（人·a），而 ISA 法的铜电解生产人均年产铜可达到数千吨/（人·a）。

（2）提高自动化、机械化装备水平，减少人工看管的岗位和人工操作的动作。

（3）依靠科技进步，提高工艺技术水平和生产技术水平。

（4）加强管理，通过优化劳动组织和采取有效的激励机制等措施来挖掘劳动力资源。

3.7.5　冶金计算

3.7.5.1　铜电解回收率、直收率计算

【例1】　已知某厂月生产阴极铜 3600t，阴极铜主品位 99.95%，实际消耗阳极板 3800t，阳极主品位 96%，计算回收率？

解： 依据公式：

$$电解回收率 = 阴极铜含铜量 \div 实际消耗物料含铜量 \times 100\%$$

$$= （3600 \times 99.95\%） \div （3800 \times 96\%） \times 100\%$$

$$= 98.63\%$$

【例2】　已知某厂月生产阴极铜 1200t，阴极铜主品位 99.95%，本月共投入铜量 1600t，计算直收率？

解： 依据公式：

$$电解直收率 = 阴极铜含铜量 \div 实际投入物料含铜量 \times 100\%$$

$$= （1200 \times 99.95\% \div 1600） \times 100\%$$

$$= 74.96\%$$

3.7.5.2　电流效率、产量计算

【例3】　脱铜槽的电流为 5000A，每槽的日产量为 0.095t，求脱铜电流效率？

解： 依据公式：

$$\eta = M/（qInt \times 10^{-6}） \times 100\%$$

$$= 0.095 \div （1.1852 \times 5000 \times 1 \times 24 \times 10^{-6}） \times 100\%$$

$$= 66.80\%$$

【例4】　硫酸铜结晶前液含 Cu^{2+} 120g/L，体积为 2.7m^3，离心后得母液 2.2m^3，含 Cu^{2+} 50g/L，求硫酸铜的结晶率？

解： 依据公式：

$$硫酸铜结晶率 = 产出硫酸铜含铜量 \div 结晶前液含铜量 \times 100\%$$

$$= [(120 \times 2.7 - 50 \times 2.2) \div (120 \times 2.7)] \times 100\%$$

$$= 66.05\%$$

【**例 5**】 一段脱铜槽（$13 \times 2.7m^3$）经 10h 脱铜后，脱除铜量为 0.6t，试求同时生产出多少酸？

解：设同时生产出 Xt 酸。

根据脱铜电解沉积总反应式：

$$CuSO_4 + H_2O \Longrightarrow Cu + H_2SO_4 + 0.5O_2$$

$$64 \qquad 98$$

$$0.6 \qquad X$$

$$X = 98 \times 0.6 \div 64 = 0.92t$$

3.7.5.3 溶液浓度计算

【**例 6**】 进入真空蒸发器溶液体积为 $10m^3$，经分析含 $H_2SO_4$110g/L，Ni^{2+} 45g/L，Cu^{2+}10g/L，在不补体积的情况下，经蒸发浓缩后还剩 $5m^3$，试求浓缩后液的 H_2SO_4、Ni^{2+} 浓度？

解：浓缩后液 H_2SO_4 浓度为：

$$10 \times 110 \div 5 = 220g/L$$

浓缩后液 Ni^{2+} 浓度为：

$$10 \times 45 \div 5 = 90g/L$$

【**例 7**】 中和槽溶液含 $H_2SO_4$30g/L，体积 $6m^3$，若加 98% 的硫酸（密度 $1.84g/cm^3$）1t，问，可将溶液含酸调配到多少（g/L）？

解：硫酸的总质量为：

$$6 \times 10^3 \times 30 + 10^6 \times 98\% = 1.16t$$

溶液的总体积为：

$$6 + 1 \div 1.84 = 6.54m^3$$

溶液中硫酸的浓度为：

$$(1.16 \times 10^6) \div (6.54 \times 10^3) = 177.37g/L$$

3.7.5.4　净液量计算

【例8】　设计年产规模20000t铜电解车间，阳极板成分见表3-7-3，生产1t阴极铜溶解阳极板的量为1.0258t，在净化过程中砷锑铋的脱除率为85%，镍的脱除率为75%，电解过程中进入电解液元素百分数见表3-7-4，电解液中元素极限浓度见表3-7-5，计算年净液量。

表 3-7-3　阳极板成分

元　素	$w(Cu)$	$w(As)$	$w(Sb)$	$w(Ni)$	$w(Bi)$	$w(Pb)$	$w(S)$	$w(Zn)$	$w(Au)$	$w(Ag)$
质量分数/%	99.43	0.064	0.031	0.157	0.008	0.031	0.0066	0.0023	0.00441	0.0585

表 3-7-4　铜电解过程元素分配　　　　　　　　（质量分数/%）

元　素	进入电解液	进入阳极泥	进入电铜
$w(Cu)$	1.93	0.07	98
$w(As)$	60 ~ 80	20 ~ 40	微量
$w(Sb)$	10 ~ 60	40 ~ 90	微量
$w(Ni)$	75 ~ 100	0 ~ 25	< 0.5
$w(Bi)$	20 ~ 60	40 ~ 80	微量
$w(Pb)$		95 ~ 99	1 ~ 5
$w(S)$		95 ~ 97	3 ~ 5
$w(Zn)$	93	4	3
$w(Au)$		98.5 ~ 99	1 ~ 1.5
$w(Ag)$		97 ~ 98	2 ~ 3

表 3-7-5　电解液中元素极限浓度

元　素	Cu	As	Sb	Ni	Bi
浓度/g·L^{-1}	50	7	0.6	15	0.5

解：依据公式：

$$Q = \frac{TEKF \times 10^3}{CN}$$

式中　Q——净液量，m^3/a；

　　　T——阴极铜产量，t/a；

　　　E——生产1t阴极铜所需阳极铜，t；

　　　K——元素在阳极中的百分含量，%；

　　　F——元素进入溶液的百分数，%；

　　　C——元素允许的极限浓度，g/L；

N——元素在整个净化过程中的脱除率,% 。

$Q_{Cu} = 20000 \times 1.0258 \times 99.43\% \times 1.93\% \times 10^3 \div (50 \times 98\%) = 8024 m^3/a$

$Q_{Ni} = 20000 \times 1.0258 \times 0.157\% \times 80\% \times 10^3 \div (15 \times 75\%) = 2290 m^3/a$

$Q_{As} = 20000 \times 1.0258 \times 0.064\% \times 85\% \times 10^3 \div (7 \times 85\%) = 2290 m^3/a$

$Q_{Sb} = 20000 \times 1.0258 \times 0.031\% \times 55\% \times 10^3 \div (0.6 \times 85\%) = 6858 m^3/a$

$Q_{Bi} = 20000 \times 1.0258 \times 0.008\% \times 55\% \times 10^3 \div (0.5 \times 85\%) = 2124 m^3/a$

从计算结果可以看出每年需净液量最大的元素是铜。

第4篇 电解冶金设备

第1章 电解精炼工艺设备

4.1.1 电解槽及其电路连接

4.1.1.1 电解槽

A 电解槽的结构

电解精炼工厂采用的电解槽通常为箱式电解槽，由长方形槽体附设的供液管、排液斗、出液斗的液面调节器等组成。槽体底部常做成由一端向另一端倾斜或两端向中倾斜，倾斜度为3%，最低处开设排泥孔（大堵），用于排放阳极泥。较高处有清槽用放液孔（小堵），高出槽底 140～200mm，用于排放电解槽上清液。

放液孔放出的液回集液槽，排泥孔放出的液回阳极泥地坑。放液孔、排泥孔都配有耐酸陶瓷或嵌有橡胶圈的硬铅制作的塞子，防止漏液。另外，槽体是混凝土的，在槽体底部还开设检漏孔，以观察内衬是否破损。钢筋混凝土电解槽壁厚一般为 80～120mm。

电解槽一般长 2.5～6m、宽 0.8～1m、深 1～1.2m，其结构如图 4-1-1 所示。

在生产工厂中，有些在一个系列电解槽的第一槽和最末一槽为了支撑导电板设计了大边槽，如图 4-1-2 所示，也有的采用了组合式电解槽，如图 4-1-3 所示。

B 电解槽材质

我国各工厂的电解槽，大多采用钢筋混凝土电解槽，有成列就地捣制，单槽整体预制，近代又发展到预制板拼接式槽体。整列就地捣制施工快、造价低，但是检修更换不便，绝缘处理差，易漏电；而单槽整体预制、搬运、安装、检修、更换方便、绝缘好，漏电少，为多数工厂采用；预制板拼接式电解槽搬运、安装、更换方便、造价低，节省车间面积。为国外一些新建工厂采用。

我国一些工厂采用过辉绿岩耐酸混凝土单个捣制槽和花岗岩单个整体槽，这些槽耐酸、绝缘较好。但辉绿岩槽易渗漏，花岗岩槽价格贵，运输不便，且易产生暗缝渗漏，仅适合大型且能就地取材的工厂采用。20世纪80年代初，芜湖冶炼厂采用无衬里的呋喃树脂混凝土电解槽，主要材料为 YJ 呋喃树脂液、YJ 呋喃混凝土粉、石英砂、石英石。最初

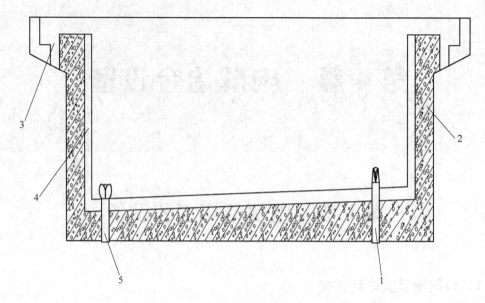

图 4-1-1 电解槽结构示意图

1—小堵管；2—钢筋混凝土槽体；3—溢流盒；4—防腐层；5—大堵管

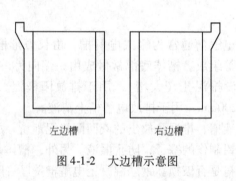

左边槽　　　右边槽

图 4-1-2 大边槽示意图

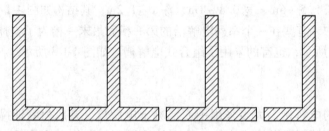

图 4-1-3 组合式电解槽示意图

为整体捣制槽，后因呋喃树脂固化收缩率较大，又是低黏度树脂，不利施工，故改为拼接式，呋喃树脂混凝土电解槽机械强度高、耐腐蚀、耐热性能好，遇机械损伤而开裂时，维修方便。

C 电解槽衬里材质

钢筋混凝土电解槽内衬应是造价低廉、耐温、耐腐蚀和电绝缘性能良好的材料。一般为铅或含锑 3% ~6% 的铅锑合金板、软聚氯乙烯和玻璃钢等。铅衬厚一般为 3 ~5mm；内层塑料衬里一般不整槽铺设，仅在极板落下易被碰破处局部铺设；玻璃钢衬里一般为 6 ~10 层，厚约 3 ~5mm。

国内大部分铜电解工厂的电解槽在新建工厂及老厂的改造中逐渐推广使用聚氯乙烯衬里和玻璃钢衬里。电解槽材质比较见表 4-1-1。

表 4-1-1　电解槽材质比较

槽体材料	衬里材料	优　点	缺　点
钢筋混凝土	铅板	施工简单、耐酸、耐温性能好，铅回收率高	价格贵，力学性能和电绝缘性差
钢筋混凝土	软聚氯乙烯塑料	施工简单、价格低廉，有优良的绝热性和电绝缘性能	耐热性能差，力学性能随温度上升而降低，易老化
钢筋混凝土	玻璃钢	绝热、绝缘性能好，耐腐蚀，造价低	树脂材质要求严，施工技术要求高，不易回收
辉绿岩耐酸混凝土	无	耐酸、耐热，绝缘性能好，机械强度高	不易施工，易渗漏
花岗岩	无	耐酸、耐热，绝缘性能好	价格贵，运输不便，有裂缝不易修补
呋喃树脂混凝土	无	耐腐蚀、耐热，机械强度高易维修	价格高，树脂材质要求严，施工技术要求高

D　电解槽进出液方式

电解槽进出液直接影响槽内铜离子、添加剂及温度在电解液里、电解过程中的均匀性和金、银的损失。

小阳极板电解时，由于电解槽尺寸比较小，一般采用上进液下出液的循环方式。

随着电解槽的大型化，极板间距的缩小及电流密度的提高，通常的电解槽供液方式难以适应生产要求，有的工厂采用槽底中央给液，槽上两端排液的供液方式，即在电解槽槽底中央沿槽长度方向设一个给液管，或在槽底两侧设两个平行的给液管，通过沿管均布的小孔给液。排液漏斗安放在槽两端壁上预留的出液口上并与槽内衬连成整体。出液漏斗内设有调节电解槽液面高度的隔板或三角堰板。三角堰板同时也可观察电解液流量。如图 4-1-4 所示。

另一种大型槽供液法为上供液下排液。即在电解槽一长边的两拐角处各设一供液口，各供一半电解液，在另一长边中央下部设一排液口。供液口来的电解液流呈对角线喷射，由供液口将电解液引向电解槽一端排出。此方法能防止阳极泥上浮。如图 4-1-5 所示。

一般电解厂家有的仍采用电解槽一端进液、一端排液、上进下出的方法供液，即在电解槽一端（槽头）通过进液管供给电解液，在槽的另一端（槽尾）设导流板，槽内电解液通过导流板排出。

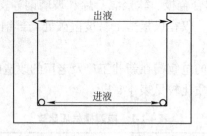

图 4-1-4　下进液上出液示意图

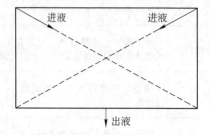

图 4-1-5　上进液下出液示意图

E　铜电解槽的安装

铜电解槽安装在钢筋混凝土横梁上，为防止电解液滴在横梁上造成腐蚀漏电，在横梁上首先铺设 3~4mm，比横梁每边宽出 200~300mm 的软聚氯乙烯保护板，然后在槽底四角垫瓷砖及橡胶板用以绝缘。通常由多个电解槽排成一列，两个相邻电解槽要留 20~30mm 的空隙。槽侧壁顶面覆以塑料（或硬橡胶板、瓷板和沥青油毛毡等）垫层，装设槽间导电板、绝缘分隔板，以支撑阳极挂耳和阴极导电棒；电极下缘至槽底应有 200~400mm 空间作为阳极泥的沉积用。

在更新安装新的电解槽时应注意以下问题：

（1）注意与邻槽的相接。相邻的电解槽要保持同等高度，以免在安装橡胶板（或瓷砖）时发生倾斜，左右两个相邻的槽间缝隙要均匀，防止因缝隙不均匀而引起一边的电解槽内阴极棒担不到槽间导电棒上，或者虽然能担上，但阴、阳极的中心已经偏离了电解槽的中心，造成阴、阳极不对称，而另一边阴极棒顶到槽间导电棒上，引起短路。保持一定的缝隙还可以使槽与槽之间绝缘。

（2）注意电解槽沿长度方向的水平，如果不平，将引起高的一端阴极露出液面较高，使电流密度升高，而另一端阴极浸在电解液中，引起断耳。

（3）注意电解槽与梁、柱之间的绝缘，在电解槽与梁、柱要铺上瓷砖或塑料。

4.1.1.2　电解槽电路连接

铜电解精炼的供电装置主要是硅整流、槽边导电排、槽间导电板及阴极导电棒构成。槽边导电排与整流器供电母线排相连，通过的电流为电解槽的总电流。为了节省槽边导电排，节省铜材和线路压降，通常将多个电解槽排成一列，每列内的电解槽数可以多至 30~

40 个。

A　电解槽电路连接方法

铜电解精炼中的电路连接有两种方式，一种是串联法，一种是复联法。

a　串联法连接

串联法连接是指在同一电解槽内电极都是串联的，如图 4-1-6 所示。电流从电解槽的一端流入第一片阳极，然后通过电解液流入第二片电极，再通过电解液流入第三片电极……依次流到电解槽另一端的阴极，即除电解槽两端一端为阳极一端为阴极外，其余都是中间电极，在中间电极上，一面发生阳极铜溶解，而另一面有阴极铜析出。整个电解槽的电流强度等于通过一片电极上的电流强度，而槽电压为所有各对电极间电压降的总和。

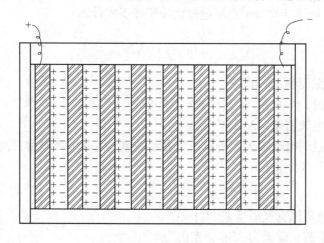

图 4-1-6　串联法连接示意图

b　复联法连接

复联法连接是指在同一电解槽内阳极和阴极分别是并联的，如图 4-1-7 所示。即在同一电解槽内各阳极是等电位，下一槽的阳极与上一槽的阴极等电位。通过每个电解槽的电流强度，等于通过槽内各同名电极电流的总和，而槽电压等于槽内各对电极之间的平价电压降。

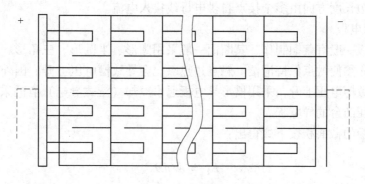

图 4-1-7　复联法连接示意图

c　串联法和复联法的比较

串联法两极之间的距离比复联法小，所以串联法连接两极容易引起短路，溶液漏电多，电流效率较低，而复联法电流效率相对高。

串联法极间距离近，贵金属金、银损失大，而复联法损失小。

串联法只能处理高品位的阳极铜，对阳极的物理规格要求甚严。

由于复联法适合工业化生产，目前国内外绝大部分阴极铜生产厂家都采用复联法连接。

B　导电装置

a　槽边导电排

槽边导电排与整流设备供电母线排相连，通过的电流为电解槽的总电流。导电排允许的电流密度一般为 $1 \sim 1.1 \mathrm{A/mm^2}$，导电排截面积按下式计算：

$$F_1 = A/D_1$$

式中　F_1——导体截面积，$\mathrm{mm^2}$；

　　A——总电流，A；

　　D_1——允许电流密度，$\mathrm{A/mm^2}$。

由于导电排通过的电流较大，所以产生大量的热，使导电排温度升高，升温公式为：

$$Q = KI2\rho/Sn$$

式中　Q——导体与周围空气温度差，℃；

　　K——散热系数。露天为 25℃，室内为 85℃；

　　I——电流强度，A；

　　ρ——导体比电阻，铜为 $0.0175\Omega/(\mathrm{m \cdot mm^2})$；

　　S——导体横截面积，$\mathrm{mm^2}$；

　　n——导体断面的周长，mm。

一般导电排的温度不应高于周围空气 $20 \sim 40$℃。

大型电解槽电流强度大，截面积过大的导电排不宜在槽边安装，因此一般采用单片式导电排，沿槽边长度方向由多个接点自供电母线接入电流。

b　槽间导电板

槽间导电板一般有紫铜制作，其断面一般采用圆形、半圆形、三角形、矩形，不论哪种接触形式，必须使触点保持清洁。触点过热氧化会导致槽电压上升。国外有些厂防止触点过热氧化导致槽电压上升，采用槽形导电板通水冷却（湿式导电）有的采用对称挂耳阳极工艺用带冲压凸台的导电板。

槽间导电板的截面积按下式得出：

$$F_2 = A/nD_2$$

式中　F_2——槽间导电板的截面积，$\mathrm{mm^2}$；

　　A——总电流；

n——每槽阴极数；

D_2——槽间导电体允许通过的电流密度，$0.3 \sim 0.9 \mathrm{A/mm^2}$。

由于电流强度并不是很高，因此往往在出装槽作业时采用横电棒短路的方式操作，这就要求槽间导电板截面面积必须满足通过的短路电流要求。

由于横电棒短路的时间不长，横电棒的电流密度可在 $7.5 \mathrm{A/mm^2}$ 的范围内。

c 阴极导电棒

阴极导电棒一般以紫铜为原料制作，其截面有圆形、方形，中空方形及钢芯包铜电棒，视阴极的大小和质量决定。中小极板一般采用中空方形导电棒，大极板选用钢芯包铜方形导电棒。导电棒截面积计算方法同槽间导电板的计算方法一致。阴极导电棒允许通过的电流密度为 $1 \sim 1.25 \mathrm{A/mm^2}$。

d 出装槽短路器

电解槽出装槽时需要短路断电，以保证生产的连续。断电方式目前有两种：（1）横铜棒短路断电，人工操作；（2）采用大电流短路开关用电动或气动方式进行短路操作，根据需要可在中央控制室操作，也可在现场手动操作。一般电解电流强度不高，可用单槽人工横棒短路断电。目前工厂多数采用大极板、高电流密度生产电解铜，都采用短路开关对电解槽短路进行出装作业，减轻劳动强度和保护槽面绝缘垫板。图 4-1-8 所示为电解槽电流走向与短路开关的连接。

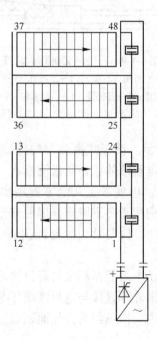

图 4-1-8 电解槽电流走向与短路开关的连接

4.1.2 电解液加热器

电解液加热器是铜电解生产的重要设备，提高电解液温度，有利于加快离子的扩散速度，防止阳极钝化，有利于阳极泥的沉降，改善阴极铜析出质量，有利于降低电解液电阻，降低槽电压，减少电能消耗。

电解液在循环过程中，通过电解槽液面、槽壁和循环管管壁、回液流等大量散热，液温逐渐下降。因此，要不断补充这些部分热损失，对电解液进行加温。过去电解液加温时通过蛇形铅管（或不锈钢管）在高位槽中进行的，这种加热方式热交换效率低，耗气量大，酸雾大，操作环境恶劣，对厂房腐蚀也严重，所以从 20 世纪 70 年代初开始逐渐采用了石墨热交换器和钛板（或钛管）热交换器。

列管式石墨热交换器具有耐腐蚀、耐温、加热效率高等优点，图 4-1-9 所示为列管式石墨热交换器的构造示意图。

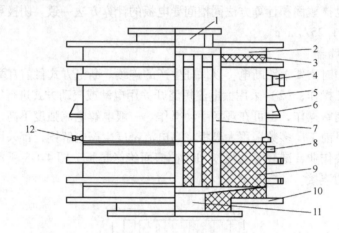

图 4-1-9   石墨热交换器示意图

1—进电解液管；2—上封头（石墨）；3—上板管（石墨）；4—进液汽管；
5—铁质外壳；6—支座；7—石墨管；8—石墨盘根；9—下板管（石墨）；
10—下封头（石墨）；11—出液管；12—冷凝水回水管

钛板式换热器如图 4-1-10 所示。钛板式换热器的冷凝水，温度约 70 ~ 80℃，一般用作洗水清理槽面和接触点，补充电解液体积，阴极洗槽水，残极冲洗槽用水，阴极铜烫洗用水等，使其余热得到充分利用。但就以上几个方面用水还不能把冷凝水全部使用。目前，有的工厂已把剩余的冷凝水应用于冬季取暖，以便充分利用这部分余热。冷凝水要经常用 pH 试纸检测，如发现呈酸性，说明钛板片已经损坏，应停止使用，进行检修更换，防止酸腐蚀设备或造成污染。

钛板换热器阻力大，通常设于电解液循环泵与高位槽之间，采用石墨列管加热器的工厂，因石墨管受震动，易损坏，因此不直接与电解液循环泵相连，而位于高位槽之后，电解液利用位差流入石墨热交换器内。换热器的传热面积通过热平衡确定，以保证电解液的温度恒定。

传热面积按下式计算：

$$F = \frac{Q}{3.6K\Delta t_{\mathrm{m}}}$$

式中 F——传热面积，m^2；

Q——供给的热量，kJ/h；

K——传热系数，$W/(cm^2 \cdot ℃)$；

Δt_m——平均温度差。

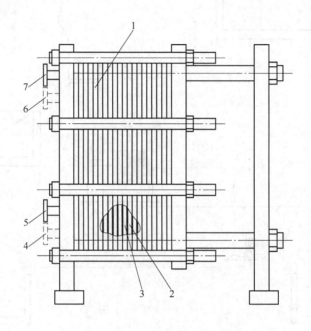

图 4-1-10　钛板式换热器结构示意图

1—钛板；2—电解液板面；3—蒸汽；4—电解液进口；

5—蒸汽出口；6—电解液出口；7—蒸汽进口

国内生产厂家由于生产情况不同，采用的加热器也不同。

4.1.3　循环系统主要设备

电解液的循环是依靠循环泵将汇集到循环槽的电解液输送到加热器内加热，加热后的电解液进入高位槽，高位槽流出的电解液进到分液包，由分液包通过管道供给每一个电解槽，由电解槽流出的溶液进入循环槽，由低位槽通过泵达到箱式压滤机过滤，过滤后的溶液进入循环槽。图 4-1-11 所示为电解液循环系统示意图。

4.1.3.1　高位槽

高位槽一般由玻璃钢制成，其容积一般为 5～10min 的循环量，低位槽的电解液抽到高位槽的顶部，从前端的下部流出，出口管在高位槽离槽底 200～300mm 处。在距离高位槽上部 150mm 左右处安有回液管，以便将多余的电解液重新回到循环槽里，防止从高位槽上部溢出。高位槽上部一般加有封盖，防止酸雾。

4.1.3.2　低位槽

低位槽是汇集和贮存电解液的地方，为了降低厂房高度，一般都将低位槽设在地平面

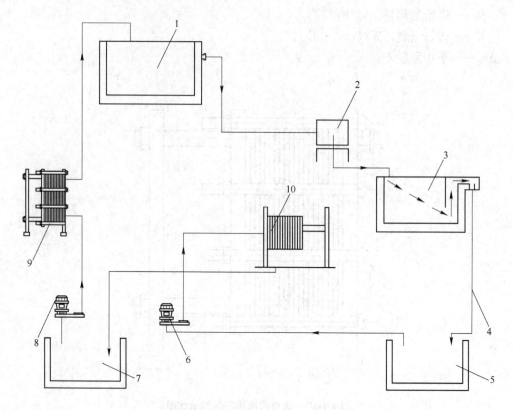

图 4-1-11 电解液循环系统示意图
1—高位槽；2—分液包；3—电解槽；4—回液管道；5—低位槽；6，8—酸泵；
7—循环槽；9—钛板加热器；10—箱式压滤机

以下。

低位槽一般由玻璃钢制成，由于低位槽设在地下，容易被地下水破坏，在低位槽周围通常设置防水层。地下槽形式的缺点较多，所以有的工厂采用地上的形式，把循环槽建筑在地下室内。

低位槽内一般分有若干格，使电解液在集液槽中有两次以上的沉降机会，保持从循环槽抽出的电解液尽量不含有阳极泥和其他污物。

低位槽容积约为电解液总体积的 20% 左右，所以低位槽一般都比较大。

4.1.3.3 循环槽

循环槽的材质、结构、容积均与低位槽相同，所起的作用与低位槽相似，主要功能就是盛装压滤机过滤后的干净溶液。

4.1.3.4 分液包

分液包的作用是将加温后的电解液分配至各电解槽，并起到排气及电解液断流、断电的作用。

分液包的每个出液管道上都设有阀门，以便控制所供一组电解槽电解液的流量。从高位槽流入的电解液在分液包内得到缓冲，使气体逸出液面，放空排气，防止电解液溶入气体影响阴极铜质量，防止阴极铜表面长麻孔。

4.1.3.5　电解液循环泵

泵的形式多数采用立式耐腐蚀液下泵，其优点是可以避免因泵漏液腐蚀基础及地面，并可防止泵密封不严使空气进入电解液。

第 2 章　冶金设备的维护与防腐

铜电解精炼过程是湿法生产过程，电解液含酸较高，由于生产条件的要求，电解液温度必须保持在 60 ~ 65℃ 之间。硫酸介质及其产生的酸雾是具有较强腐蚀性质的介质，再加上温度较高，腐蚀性更强，因此，铜电解车间从厂房建筑到冶金槽罐各种存液容器及循环管道、泵等均需考虑防腐问题。

4.2.1　电解槽及其他冶金槽罐的防腐

采用辉绿岩、花岗岩、呋喃树脂混凝土的电解槽，内部不再衬防腐材料，而采用钢筋混凝土的电解槽必须衬铅皮或塑料衬里，采用铅皮做衬里的一般使用 3 ~ 5mm 厚的铅皮，而采用塑料作衬里的一般使用 5 ~ 6mm 厚的软聚氯乙烯塑料。用铅皮做内衬耐硫酸腐蚀、耐温性能较强，寿命较长，但绝缘性能差，槽帮易长阴极铜。聚氯乙烯塑料耐酸性，绝缘性都比较好，但容易老化，且老化后不易焊接，寿命较短，一般只有 2 ~ 3 年。除电解槽外，循环槽、低位槽、高位槽均为玻璃钢槽。供液管道采用钢骨架复合管、硬塑料管或钢衬 PE 管。回液管道采用硬塑料管。阳极泡洗槽、冲洗槽，阴极烫洗槽均采用不锈钢槽。液的输送泵采用铅泵、不锈钢泵、钛泵或玻璃钢泵。

4.2.2　厂房防腐

铜电解车间厂房的屋架，有的采用混凝土屋架，有的采用钢结构屋架，不论采用哪种屋架都要进行防腐。防腐涂料一般采用耐酸漆，但比较贵，比较经济的方法是采用沥青涂刷，这种涂料可以自己配制。

厂房屋顶的望板，天窗也可以采用沥青进行防腐，但寿命较短，几乎每年都要涂一次，所以有的工厂厂房望板和天窗采用浸渍石蜡的方法，也有的工厂屋面板和天窗采用玻璃钢或塑料制作，防腐性能更强，厂房的墙壁 1 ~ 2 年用白灰粉刷一次。

4.2.3　地面防腐

铜电解车间二楼地板一般为钢筋混凝土预制结构，一楼为水泥地面，原来的方法是水泥地板的上面烙沥青油做保护层。现在的工厂采用辉绿岩粉打地面，也有的工厂采用耐酸瓷粉，用水玻璃做黏结剂打地面，还有的则采用耐酸陶瓷砖铺砌，铜电解车间采用耐酸缸砖铺砌地面。

4.2.4　冶金设备的维护

电解工厂的维护防腐工作是十分重要的，如果做不好防腐维护工作，即使是一个新工厂，少则几年，多则十几年，就会因为厂房设备腐蚀严重而被迫停产。因此要做好防腐及维护工作。做好维护工作应从以下几个方面着手：

（1）加强管理，防止跑、冒、滴、漏。在阴阳极出装过程中很容易砸坏槽子，损坏设备，而引起跑、冒、滴、漏，所以操作时要严细，尽量避免损坏设备，一旦损坏要及时修复。

（2）改进生产工艺，选用先进设备，减轻腐蚀强度。从改进生产工艺，采用先进设备入手减轻腐蚀强度是做好防护工作的一个重要方面。

（3）应用新型耐腐蚀材料，增强耐腐蚀性能。如电解液循环管道塑料化，用不锈钢、钛材做贮液槽罐，吊架等生产工具和电解液循环泵、压滤泵等运转及液体输送设备，直接增强设备的防腐蚀能力。

附录　复习题及其答案

A　电解复习题

一、填空题

1. 利用高温从矿石提取金属或其化合物的冶金过程称为（　　　　　）。

2. 阴极铜的杂质（　　），（　　），（　　）影响电导率，杂质（　　）影响延展性。

3. 湿法炼铜主要用于处理（　　　　），（　　　　），（　　　　）。

4. 极间短路，使阴极析出速度减慢，（　　　　）浓度升高。

5. 车间目前选用的电解添加剂是（　　　　），（　　　　），（　　　　）。

6. 阳极周期根据（　　　　），（　　　　），（　　　　）而确定。

7. 目前铜电解短路检测方法采用（　　　　）和（　　　　）两种方法。

8. 在脱铜电解过程中，阳极上生成物是（　　　　）气体。

9. 高纯阴极铜杂质元素总含量不大于（　　　　）。

10. 铜电解生产过程中阴极电流密度（　　　　）阳极电流密度。

11. 电解液中（　　　　）含量过高，（　　　　）阴极上生长针刺状粒子。

12. 铜的火法冶炼一般采用（　　），（　　），（　　），（　　）四种方法。

13. 槽电压由（　　），（　　），（　　）组成。

14. 铜电解主要技术指标为（　　　　），（　　　　）。

15. 工厂成本主要由（　　），（　　），（　　）构成。

16. 我国铜矿资源储量居世界第（　　　），主要矿区分布在（　　），（　　），（　　），（　　）等地。

17. 铜的主要化合物有（　　），（　　），（　　），（　　）。

18. 始极片加工机组的功能是完成始极片的（　　），（　　）和（　　）工作。

19. 液态铜能溶解（　　），（　　），（　　），（　　）等气体。

20. 硫酸铜在自然界中以（　　　　）形式存在。

21. 铜电解生产用电解液为（　　　）的（　　　）溶液。

22. 电解液中含铜过低，会使阴极铜析出（　　　）。

23. 当一定量电流通过电解槽时，在阴极上析出的和阳极上溶解的金属（　　　）数是相等的。

24. 循环量大小与（　　　），（　　　），（　　　），（　　　）等有关。

25. 提高电解液温度的不利方面主要有（　　　），（　　　），加剧（　　　）和（　　　）的腐蚀，恶化（　　　），增大（　　　）。

26. 单位电极表面通过的电流强度称为（　　　）。

27. 保证阴极铜质量的最大电流密度称为（　　　）。

28. 在脱铜过程中，当铜离子浓度脱到很低时，在阴极上会生成一种（　　　）气体，这种气体（　　　），很难察觉，但其（　　　）很大。

29. 通过电解液净化，纯净了（　　　），并在净化过程中获得了副产品（　　　）和（　　　）。

30. 生产结晶粗硫酸镍的方法一般可分为（　　　）法、（　　　）法和（　　　）法。

31. 影响直流电单耗的主要因素有（　　　）和（　　　）。

32. 影响交流电单耗的主要因素有（　　　），（　　　），（　　　），（　　　）和（　　　）。

33. 铜电解生产电解槽电路连接有（　　　）法和（　　　）法。

34. 阳极的电解周期长短与（　　　）和（　　　）有关。

35. 电解液内主要靠（　　　）导电。

36. 两价的铜在溶液中显（　　　）色。

37. 氧化铜在高温下可分解成（　　　）和（　　　）。

38. 阴极铜是铜电解过程中阴极（　　　）而成的产物。

39. 阴极铜表面及边缘不得有呈（　　　）状和（　　　）状的结粒。

40. 从铜矿石或铜精矿中提取铜有两种方法，一种是（　　　），一种是（　　　）。

41. 阴极铜表面（　　　）mm 以上的圆头密集结粒的总面积不得大于单面面积的（　　　）。

42. 新阳极经泡洗装槽后，要找好（　　　），下始极片放液，待槽内电解液循环（　　　）分钟后再通电。

43. 铜的电化当量为（　　　）g∕A·h。

44. 槽电压由（　　　）、（　　　）、（　　　）组成。

45. 铜电解精炼是在电解槽内通过（　　　）反应来实现的。

46. 铜阳极板的主要化学成分是（　　　）。

47. 脱铜槽采用不溶性（　　　）作为阳极。

48. 铜在高温下不与（　　　）、（　　　）或（　　　）作用。

49. 在电解液中，带正电荷的离子称为（　　），带负电荷的离子称为（　　）。

50. 氧化铜是一种（　　）色无光泽物质。

51. 铜是一种（　　）色，具有良好的（　　）性和高的（　　）性、（　　）性的金属。

52. 车间生产的铜皮规格尺寸有两种，分别是（　　）、（　　）。

53. 铜在常温下能与（　　）作用。

54. 砷的电化当量为（　　）。

55. 车间生产高纯阴极铜时电解液组成：H_2SO_4（　　）、Cu^{2+}（　　）、Ni^{2+}（　　）。

56. 车间使用的钛种板包边的方法是（　　）。

57. 在电解操作中提溜和压溜的目的是（　　）。

58. 锑的电化当量为（　　）。

59. 电解液中（　　）含量过高，（　　）阴极上生长针刺状粒子。

60. 出装槽作业有出（　　）极和出（　　）极之分。

61. 铜电解车间生产用电有两种：分别是（　　）和（　　）。

62. 电解槽材质有（　　）、（　　）等。

63. 在电流强度不变的情况，电流密度与阴极面积成（　　）。

64. 始极片加工机组的功能是完成始极片的（　　）、（　　）、（　　）和（　　）工作。

65. 铜电解技术条件要求电解液温度控制在（　　）。

66. 电流密度（　　）可导致阴极铜表面析出粗糙。

67. 电解时，阳离子在阴极上得到电子发生（　　）反应，铜原子在阳极上失去电子发生（　　）反应。

68. 阴极铜表面由于潮湿空气作用，是阴极铜表面氧化而生成一层（　　）色者不作废品。

69. 铋的电化当量为（　　）。

70. 铜电解精炼后产出的三种主要产物（　　）、（　　）、（　　）。

71. 出装槽操作放液时，先拔（　　），待电解液面下至（　　）时，再拔（　　）。

72. 启动钉耳机时，依次开动（　　）、（　　）电机。

73. 铜电解槽内阴极面积比阳极面积（　　）。

74. 脱铜槽反应阴极析出（　　），阳极放出（　　）。

75. 工厂成本主要由（　　），（　　），（　　）构成。

76. 擦净导电板的目的是（　　）。

77. 废铜料可采用（　　）、（　　）、（　　）和（　　）等冶金设备之中一段或几段处理，再经电解精炼成为阴极铜。

78. 铜电解目前采用（　　）法生产粗硫酸铜，（　　）法生产粗硫酸镍。

79. 阴极铜中杂质镍主要是在电解过程中（　　　　）所致。

80. 铜电解生产专用吊车最大起吊质量为起吊（　　　　）和（　　　　）的质量。

81. 常规法铜电解阴极采用的是（　　　　），ISA 法电解使用的阴极是（　　　　）。

82. 保证阴极铜质量的最大电流密度称为（　　　　）。

83. 由于电解液中夹有空气，会使阴极铜长（　　　　），对质量有很大影响。

84. 阴极铜出槽后，必须按规定烫洗净阴极铜表面及耳部的（　　　　）才能入库。

85. 铜电解精炼是在电解槽内通过（　　　　）反应来实现的。

86. 脱铜槽采用不溶性（　　　　）作为阳极。

87. 在电解液中，带正电荷的离子称为（　　），带负电荷的离子称为（　　　）。

88. 阴极铜的杂质（　　），（　　），（　　）影响电导率，杂质（　　　）影响延展性。

89. 在溶液净化过程中镍通常是以（　　　　）、（　　　　）的形式加以回收。

90. 铜电解主要技术指标（　　），（　　　），（　　）。

91. 铜的主要化合物有（　　），（　　），（　　），（　　）。

92. 硫酸铜在自然界中以（　　）形式存在。

93. 铜电解生产用电解液为（　　）的（　　）溶液。

94. 在（　　　　）或（　　　　）状态下能导电的物质称为电解质。

95. 用来改善阴极析出结晶状况的高分子活性物质称为（　　　　）。

96. 电解时在电极上析出或溶解（　　　　）的量与通过的电量成正比。

97. （　　　　）之间的距离称为同极距。

98. 具有规则的几何外形的固体称为（　　　　）。

99. 铜的标准电极电位是（　　　），镍的标准电极电位是（　　　）。

100. 硫脲的分子式为（　　　　）。

二、判断题

1. 在机械产品的设计中所采取的消除危险部件，减少或避免在危险区域内处理工作需求，提供自动反馈设备并使运动的部件处于密封状态之中的方法，属本质安全的范畴。（　　）

2. 安全防护装置要求结构简单，只要把危险部位遮挡住就可以了。（　　）

3. 在铜电解生产过程中阴极面积比阳极面积小。（　　）

4. 冷冻结晶采用自然降低温度法，使溶质从溶液中结晶出来。（　　）

5. 采用不溶阳极进行电解的方法称电积法。（　　）

6. 凡是高于大气压的空间状态，称为真空状态。（　　）

7. 除去溶液中的杂质，使溶液纯化的操作过程称为净化。（　　）

8. 在电流强度不变的情况下，电流密度与阴极面积成反比。（　　）

9. 铜电解精炼是在电解槽内通过阴阳极反应来实现的。（   ）

10. 脱铜槽反应阴极析出铜，阳极放出氢气。（   ）

11. 阳极板上部可略厚于下部。（   ）

12. 种板槽的添加剂用量一般比生产槽少。（   ）

13. 电解液内主要靠铜离子导电。（   ）

14. 极间短路，使阴极析出速度减慢，硫酸浓度升高。（   ）

15. 适当降低电解液含酸，可提高硫酸铜溶解度。（   ）

16. 提高电解液中硫酸含量，会使硫酸铜的溶解度变大。（   ）

17. 在脱铜过程中，铅锑阳极表面形成一层氧化铅。（   ）

18. 测定车间内空气中砷化氢含量时，用 pH 值进行测定。（   ）

19. 电解液中硫脲含量过高，会使阴极上生长针刺状粒子。（   ）

20. 在电解过程中，在溶液中发生的电化学反应，称为电极反应。（   ）

21. 在电解操作过程中提压溜的目的是提高质量。（   ）

22. 真空蒸发是利用低压下溶液的沸点降低的原理，用较少的蒸汽蒸发大量的水分。（   ）

23. 电解液的电导率随着温度的升高而降低。（   ）

24. 提高电解液的温度可增加电解液的黏度和密度。（   ）

25. 阳极的厚度决定于电流密度和阳极溶解周期。（   ）

26. 始极片品位要达到阴极铜质量标准，结晶致密。（   ）

27. 阳极中可溶性杂质的电化学溶解一般不消耗硫酸。（   ）

28. 硫脲是一种白色而有光泽的粉体。（   ）

29. 在电解液中，一般情况下，与其他杂质浓度的上升速度相比，铜浓度的上升速度是最慢的。（   ）

30. 电解直收率指在铜电解精炼过程中产出的阴极铜所含铜量占实际投入物料所含铜量的百分比。（   ）

31. 铜电解精炼所用的电解液为硫酸和硫酸铜组成的水溶液。（   ）

32. 槽电压随电流密度的提高而降低。（   ）

33. 直流电单耗是指单位产品阴极铜所消耗的直流电量。（   ）

34. 电解液中氧的存在，使电极产生化学溶解，使 Cu^{2+} 浓度增加，酸浓度增加。（   ）

35. 干簧管继电器的特性是当其处于放大磁场内时，元件中的两片舌簧即能闭合，从而将电路接通。（   ）

36. 残极率是指产出残极量占投入阳极量的百分比。（   ）

37. 阴极电流效率，指在铜电解精炼过程中，阴极的实际析出量与阳极实际投入量的百分比。（   ）

38. 始极片的厚度与种板槽的电流密度和析出时间有关。（　　）

39. 电流密度增加时，单位时间内在阴极上放电析出的铜量也随之增加。（　　）

40. 缩短极间距离，可以降低电解液电阻，即降低电解槽的电压降和阴极铜的直流电耗。
（　　）

41. 标准阴极铜（Cu-CATH-1—1997）化学成分要求 Cu + Ag 不小于 99.95%。（　　）

42. 湿法冶炼主要处理的是硫化矿。（　　）

43. 冷冻结晶采用自然降低温度法，使溶质从溶液中结晶出来。（　　）

44. 真空蒸发是利用低压下溶液的沸点降低的原理，用较少的蒸汽蒸发大量的水分。（　　）

45. 利用密闭工作容积内液体的压力能来传递动力的称为液压传动。（　　）

46. 除去溶液中的杂质，使溶液纯化的操作过程称为净化。（　　）

47. 电解直收率指在铜电解精炼过程中产出的阴极铜所含铜量占实际投入物料所含铜量的
百分比。（　　）

48. 稀释硫酸的做法是将水缓慢地加入硫酸中并充分搅拌。（　　）

49. 硫酸铜和硫酸镍均属于弱电解质。（　　）

50. 如果发现槽电压过低，假如低于 0.20V，说明电解槽内可能有阳极钝化现象。（　　）

51. 采用不溶阳极进行电解的方法称电积法。（　　）

52. 凡是高于大气压的空间状态，称为真空状态。（　　）

53. 除去溶液中的杂质，使溶液纯化的操作过程称为净化。（　　）

54. 阴阳两极之间的距离称为同极距。（　　）

55. 铜电解精炼是在电解槽内通过阴阳极反应来实现的。（　　）

56. 电解时在电极上析出或溶解物质的量与通过的电量成反比。（　　）

57. 使溶液中溶剂汽化，溶液浓度增大的过程称为溶解。（　　）

58. 在电解过程中阴极理论析出量与实际析出量的百分比，称电流效率。（　　）

59. 电蒸发脱镍通过溶液自身的电阻产生热使溶液沸腾，从而浓缩溶液。（　　）

60. 真空蒸发是利用低压下溶液的沸点降低的原理，用较少的蒸汽蒸发大量的水分。（　　）

61. 在脱铜过程中，铅锑阳极表面形成一层氧化铅。（　　）

62. 硫酸铜的固液分离过程通常是在过滤机中完成的。（　　）

63. 在电解过程中，在溶液中发生的电化学反应，称为电极反应。（　　）

64. 槽电压通常指平均槽电压，是电解槽同极间的平均电压降。（　　）

65. 电解液的电导率随着温度的升高而降低。（　　）

66. 铜电解精炼所用的电解液为硫酸和硫酸铜组成的水溶液。（　　）

67. 随着电流密度的提高，阴极附近电解液中含铜浓度贫化的程度加剧。（　　）

68. 始极片品位要达到阴极铜质量标准，结晶致密。（　　）

69. 一般结晶过程分两步进行。首先是晶核形成过程，然后是晶体成长过程。（　　）

70. 电解直收率指在铜电解精炼过程中产出的阴极铜所含铜量占实际投入物料所含铜量的百分比。（　　）

71. 溶液中的硫酸与金属铜在氧的作用下起化学反应，使铜溶解，生产硫酸铜的过程，称为中和过程。（　　）

72. 对同一蒸发液体，蒸发越快，吸热越少。（　　）

73. 中和过程中随着温度的降低，铜的溶解速度不变。（　　）

74. 由金属离子和酸根离子组成的化合物称为盐。（　　）

75. 在电解过程中，在金属离子浓度相同的情况下，镍离子优先得到电子析出。（　　）

76. 发生浓差极化是由于阴极区域主金属离子浓度过低。（　　）

77. 氨易溶于水，与水作用呈强碱性。（　　）

78. 真空蒸发的特点是在低压下溶液的沸点降低，用较少的蒸汽蒸发大量的水分。（　　）

79. pH 值小于 7 时，溶液呈碱性；pH 值大于 7 时，溶液呈酸性。（　　）

80. 许多物质在水溶液里析出，形成晶体时，晶体里常结合一定数目的水分子，这样水分子称为结晶水。（　　）

三、单项选择题

1. 脱铜电解液循环方式为（　　）。

   a. 上进上出　　　　　　b. 下进下出

2. 铜电解的残极率控制在（　　）。

   a. 10% ~15%　　　　　b. 15% ~20%　　　　　c. 20% ~25%

3. 铜阳极板含氧量越高，进入溶液的镍量越（　　），对阳极板的溶解速度越大。

   a. 多　　　　　　　　　b. 少

4. 配制稀硫酸的方法是（　　）。

   a. 水倒入浓硫酸中　　　b. 水和硫酸同时混合　　　c. 浓硫酸缓慢倒入水中

5. 在电流强度不变的情况下，电流密度与阴极面积成（　　）。

   a. 正比　　　　　　　　b. 反比

6. 电解液含铜（　　）会使阴极铜析出疏松。

   a. 过低　　　　　　　　b. 过高

7. 结晶硫酸铜在露天放一段时间，就会出现白色粉末是由于失去（　　）所致。

   a. 硫酸　　　　　　　　b. 结晶水　　　　　　　c. 铜

8. 阴极铜出现凉烧板的原因是（　　）。

   a. 阳极导电不良　　　　b. 阴极导电不良或断路　　　c. 电解液温度过低

9. 与生产槽循环量相比，种板槽的循环量（　　）。

　　a. 较大　　　　　　　　b. 较小　　　　　　　　c. 相等

10. 阳极板含氧量越高，进入溶液的镍量越（　　），同时对阳极的溶解速度影响越大。

　　a. 多　　　　　　　　　b. 少

11. 浓硫酸对织物和皮肤有很强的腐蚀作用，因为它是个（　　）。

　　a. 氧化剂　　　　　　　b. 二元酸　　　　　　　c. 脱水剂

12. 在脱铜过程中，阳极上生成物是（　　）气体。

　　a. 氢气　　　　　　　　b. 氧气　　　　　　　　c. 氯气

13. 硫酸镍结晶颗粒大小与（　　）有关。

　　a. 冷冻速度　　　　　　b. 离心

14. 提高电流密度可（　　）贵金属损失。

　　a. 增大　　　　　　　　b. 减少

15. 提高电解液中硫酸含量，会使硫酸铜的溶解度变（　　）。

　　a. 大　　　　　　　　　b. 小

16. 在脱铜过程中，直流电单耗与槽电压成（　　）。

　　a. 正比　　　　　　　　b. 反比

17. 在脱铜过程中，随着铜离子浓度降低，铜的析出电位会（　　）。

　　a. 逐渐降低　　　　　　b. 逐渐升高　　　　　　c. 不变

18. 高纯阴极铜杂质总含量不大于（　　）。

　　a. 0.0050%　　　　　　b. 0.0060%　　　　　　c. 0.0065%

19. 立式搅拌水冷结晶机是（　　）作业，带式结晶机是（　　）作业，电积脱铜作业是（　　）作业。

　　a. 连续，间断，连续　　　　　b. 间断，连续，间断

20. 在阴极上首先析出的应该是电极电位（　　）。

　　a. 较高的阳离子　　　b. 较低的阴离子

21. 硫酸属于（　　）电解质。

　　a. 强　　　　　　　　　b. 弱　　　　　　　　　c. 非

22. 结晶硫酸铜在露天放一段时间，就会出现白色粉末是由于失去（　　）所致。

　　a. 硫酸　　　　　　　　b. 结晶水　　　　　　　c. 铜

23. 结晶硫酸铜的分子式为（　　）。

　　a. $CuSO_4 \cdot H_2O$　　　b. $CuSO_4 \cdot 5H_2O$　　　c. $CuSO_4$　　　　d. Cu_2SO_4

24. 在电解操作过程中提压溜的目的是（　　）。

　　a. 提高质量　　　　　　b. 提高产量　　　　　　c. 阴极耳子牢固

25. 阳极杂质含量高时，为了获得较好的阴极铜，电解液温度应（   ）。

    a. 适当降低   b. 适当提高

26. 铜电解过程中阴极电流密度（   ）阳极电流密度。

    a. 大于   b. 等于   c. 小于

27. 造成电流效率下降的主要原因（   ）。

    a. 极间短路   b. 电解液电阻   c. 接触点电阻

28. 阳极板含氧越高，进入溶液的镍量越（   ）。

    a. 多   b. 少

29. 阳极钝化主要原因是因为阳极表面形成一层（   ）薄膜。

    a. 致密   b. 松散   c. 网状

30. 剥离的始极片过硬是由于添加剂（   ）。

    a. 过小   b. 过量

31. 在一定范围内，电解液含酸越高，可以（   ）槽电压。

    a. 增高   b. 降低

32. 在稀硫酸溶液中硫酸浓度增大，氧的溶解度（   ）。

    a. 升高   b. 减低   c. 不变

33. 在电解槽内，电能转化为其他能的重要形式是（   ）。

    a. 化学能   b. 机械能   c. 热能

34. 溶液中氯离子控制不当，易产生（   ）状粒子。

    a. 蘑菇   b. 圆头   c. 针刺

35. 铜属于元素周期表的第（   ）周期。

    a. 第五   b. 第三   c. 第四

36. 结晶硫酸镍的分子式（   ）。

    a. $NiSO_4 \cdot 7H_2O$ b. $NiSO_4$ c. $NiSO_3 \cdot 5H_2O$ d. $NiSO_3 \cdot H_2O$

37. 焙烧的目的是将硫化铜精矿中的硫部分或全部氧化成（   ）形式脱除。

    a. SO_2 b. SO_3 c. $CuSO_4$

38. 下列元素中哪些电位与铜接近（   ）。

    a. Ni   b. As   c. Sb

39. 两价的铜在溶液中显（   ）色。

    a. 蓝   b. 绿   c. 黑

40. 溶液的 pH 值是由溶液里的（   ）浓度大小来决定的。

    a. 氢离子   b. 金属离子   c. 氢离子或氢氧根离子

41. 电解过程中，在金属离子浓度相同的情况下，哪种金属离子优先得到电子析出（   ）。

a. 铜　　　　　　　b. 镍　　　　　　　c. 锌　　　　　d. 铅

42. 电解液含铜（　　）会使阴极铜析出疏松。

　　a. 过低　　　　　　b. 过高

43. 阴极铜出现凉烧板的原因是（　　）。

　　a. 阳极导电不良　　b. 阴极导电不良或断路　　c. 电解液温度过低

44. 阴极铜上沿长结粒是因为（　　）。

　　a. 胶大　　　　　　b. 胶小　　　　　　c. 硫脲大　　　　d. 硫脲小

45. 浓硫酸对织物和皮肤有很强的腐蚀作用，因为它是个（　　）。

　　a. 氧化剂　　　　　b. 二元酸　　　　　c. 脱水剂

46. 在脱铜过程中，阳极上生成物是（　　）气体。

　　a. 氢气　　　　　　b. 氧气　　　　　　c. 氯气

47. 电解过程中加入盐酸是为了（　　）贵金属损失。

　　a. 增大　　　　　　b. 减少　　　　　　c. 无关系

48. 造成电流效率下降的主要原因（　　）。

　　a. 极间短路　　　　b. 电解液电阻　　　c. 接触点电阻

49. 下面哪种做法有利于阴极铜稳定生产（　　）。

　　a. 老酸、脱铜终液一次性返给电解，以节省时间

　　b. 老酸、脱铜终液多次少量返电解

50. 阳极泡洗温度技术条件要求（　　）℃，泡洗时间（　　）分钟。

　　a. >90，5～10　　b. >80，8～12　　　c. >80，5～10

51. 铜电解的残极率控制在（　　）。

　　a. 10%～15%　　　b. 15%～20%　　　c. 20%～25%

52. 铜阳极板含氧量越高，进入溶液的镍量越（　　），对阳极板的溶解速度越大。

　　a. 多　　　　　　　b. 少

53. 中和造液是（　　）反应。

　　a. 氧化　　　　　　b. 还原

54. 在电流强度不变的情况下，电流密度与阴极面积成（　　）。

　　a. 正比　　　　　　b. 反比

55. 真空蒸发是利用（　　）下溶液的沸点降低的原理，用较少的蒸汽蒸发大量的水分。

　　a. 低压　　　　　　b. 高压　　　　　　c. 常压

56. 结晶硫酸铜在露天放一段时间，就会出现白色粉末是由于失去（　　）所致。

　　a. 硫酸　　　　　　b. 结晶水　　　　　c. 铜

57. 脱铜过程中直流电单耗与槽电压成（　　）。

a. 正比   b. 反比

58. 在电积脱铜过程中，铅锑阳极表面形成一层（　　　）。

    a. PbO b. $Pb(SO_4)_2$

59. 阳极板含氧量越高，进入溶液的镍量越（　　　），同时对阳极的溶解速度影响越大。

    a. 多   b. 少

60. 硫酸铜国家标准 GB 437—1993 中，农业用优等品硫酸铜（$CuSO_4 \cdot 5H_2O$）含量为（　　　）。

    a. ≥94%   b. ≥96%   c. ≥98%

61. 在阴极上首先析出的应该是电极电位（　　　）。

    a. 较高的阳离子   b. 较低的阴离子

62. 中和过程中，铜料的表面积越大，与氧接触面积（　　　）。

    a. 越大   b. 越小

63. 在脱铜过程中，随着铜离子浓度降低，铜的析出电位会（　　　）。

    a. 逐渐降低   b. 逐渐升高   c. 不变

64. 高纯阴极铜杂质总含量不大于（　　　）。

    a. 0.0055%   b. 0.0060%   c. 0.0065%

65. 在中和过程中随着温度的降低，铜的溶解度（　　　）。

    a. 降低   b. 升高   c. 不变

66. 硫酸属于（　　　）电解质。

    a. 强   b. 弱   c. 非

67. 结晶硫酸铜在露天放一段时间，就会出现白色粉末是由于失去（　　　）所致。

    a. 硫酸   b. 结晶水   c. 铜

68. 硫酸铜结晶率随着温度的（　　　）而提高。

    a. 升高   b. 降低

69. 阳极杂质含量高时，为了获得较好的阴极铜，电解液温度应（　　　）。

    a. 适当降低   b. 适当提高

70. 真空蒸发依据的原理是一个（　　　）过程。

    a. 物理   b. 化学

71. 电解液内主要靠（　　　）导电。

    a. H^+ b. Cu^{2+} c. SO_4^{2-}

72. 阳极钝化主要原因是因为阳极表面形成一层（　　　）薄膜。

    a. 致密   b. 松散   c. 网状

73. 蒸发效率是指单位时间内、单位体积蒸发器中金属离子的（　　　）量。

a. 浓缩   b. 分配   c. 反应

74. 提高电流密度会使阴、阳极电位差（   ）。

     a. 加大   b. 减低   c. 不变

75. 铜属于元素周期表的第（   ）周期。

     a. 第五   b. 第三   c. 第四

76. 结晶硫酸镍的分子式（   ）。

     a. $NiSO_4 \cdot 5H_2O$ b. $NiSO_4$ c. $NiSO_3 \cdot 7H_2O$

77. 硫化铜的分子式是（   ）。

     a. $CuSO_4$ b. Cu_2S c. CuS

78. 硫酸镍属于（   ）。

     a. 电解质   b. 非电解质

79. 一般铜电解车间采用的种板是（   ）。

     a. 不锈钢板   b. 钛板   c. 铜板

80. 脱铜过程中阳极上放出的是（   ）。

     a. O_2 b. H_2 c. SO_2

81. 阳极经过泡洗后，如果不冲洗阳极表面的铜粉，则在生产中会带来（   ）不利影响。

     a. 残极率低   b. 阳极钝化   c. 引起阴极铜长疙瘩

82. 铜的电化当量为（   ）$g/(A \cdot h)$。

     a. 1.1852   b. 1.1052   c. 1.2852

83. 铜属于元素周期表的第（   ）周期。

     a. 一   b. 二   c. 三   d. 四

84. 小王用万用表测量槽电压，发现槽电压值为 0.10V，这说明电解槽内可能有（   ）现象。

     a. 阳极钝化   b. 短路   c. 电极极化

85. 电解液含铜（   ）会使阴极铜析出疏松。

     a. 过低   b. 过高

86. 高镍阳极板电解生产过程中，电解液里（   ）浓度不断升高。

     a. Cu^{2+} b. Ni^{2+} c. SO_4^{2-}

87. 电解过程中加入盐酸是为了（   ）贵金属损失。

     a. 增大   b. 减少   c. 无关系

四、多项选择题

1. 下列生产过程中属化学反应的是（   ），属物理过程的是（   ），属电化学反应的是（　　　）。

    a. 硫酸铜结晶过程　　　　b. 中和造液　　　　　　c. 脱铜过程

    d. 生产阴极铜　　　　　　e. 真空蒸发过程

2. 下列元素中哪些电位与铜接近（　　　　　　）。

    a. Pb　　　　　　　　　b. Ni　　　　　　　　c. As　　　　d. Sb

3. 电解时阳离子在阴极上得到电子发生（　　）反应，铜原子在阴极上失去电子发生（　　）反应。

    a. 氧化　　　　　　　　b. 还原

4. 直流电单耗与槽电压成（　　）比，与电流效率成（　　）比。

    a. 正　　　　　　　　　b. 反

5. 自产原料阳极板所含的最主要杂质是（　　　），外购原料阳极板所含的最主要杂质是（　　　）。

    a. Fe　　　　　　　　　b. S　　　　　　　　c. Ni　　　　d. As、Sb、Bi

6. 下列元素中哪些比铜显著正电性（　　　）。

    a. 铅　　　　　　　　　b. 银　　　　　　　　c. 金　　　　d. 铂族元素

7. 电解槽中粗铜阳极与直流电源（　　　）极相连，铜皮阴极与电源的（　　　）极相连。

    a. 正　　　　　　　　　b. 负

8. 铜属于元素周期表的第（　　　）周期，第（　　　）副族元素。

    a. 一　　　　　　　　　b. 二　　　　　　　　c. 三　　　　d. 四

9. 在一定范围内提高电解液中（　　　）含量，可使阴极的沉积物（　　　）。

    a. 硫酸　　　　　　　　b. 铜离子　　　　　　c. 粗糙　　　　d. 致密

10. 在一定范围内电解液含（　　　）越高，导电性越（　　　）。

    a. 酸　　　　　　　　　b. 铜　　　　　　　　c. 小　　　　d. 好

11. 电解过程中，阿维同-A 产生聚合作用，与（　　　）一起协同作用，（　　　）胶的作用强度。

    a. 硫脲　　　　　　　　b. 增加　　　　　　　c. 减轻

    d. 盐酸、盐酸　　　　　e. 胶

12. 循环量的大小与（　　）、（　　）、（　　）及（　　）有关。

    a. 电流密度　　　　　　b. 阳极板的成分　　　c. 电解槽的容积

    d. 电解液的温度　　　　e. 阴极铜成分

13. 真空蒸发是利用（　　　）溶液的沸点降低的原理，用较少的蒸汽蒸发大量的（　　　）。

    a. 低压下　　　　b. 高压下　　　　　　c. 电解液　　　d. 水分

14. 电解后的主要产物有（　　　）、（　　　）、（　　　）。

　　a. 阴极铜　　　　　　　b. 阳极泥　　　　　　c. 电解液

　　d. 残极　　　　　　　　e. 硫酸铜　　　　　　f. 硫酸镍

15. 阳极的厚度决定于（　　　）和（　　　）。

　　a. 阴极周期　　　　b. 残极率　　　　c. 电流密度　　　d. 阳极溶解周期

16. 电解液中铜离子浓度过（　　　），会使阴极的结晶变得（　　　）。

　　a. 低　　　　　　b. 高　　　　　　c. 粗糙　　　　　d. 致密

17. 铜电解常用的添加剂有（　　）、（　　）、（　　）、（　　）。

　　a. 明胶　　　　　　　b. 骨胶　　　　　　c. 盐酸

　　d. 硫脲　　　　　　　e. 阿维同　　　　　f. 氢氧化钠

18. 铜电解精炼是在（　　　）内通过（　　　）来实现的。

　　a. 电解槽　　　　　b. 物理反应　　　　c. 电化学反应

19. 电解液中铜离子浓度过高，槽电压会（　　　）从而增加（　　　）。

　　a. 增大　　　　　b. 减少　　　　c. 蒸汽消耗　　　d. 电耗

20. 阳极的厚度决定于（　　　）和（　　　）周期。

　　a. 阴极重量　　　b. 电流密度　　　c. 阴极　　　　d. 阳极溶解

21. 经加工后的种板下槽之后应（　　　）通电，可提高钛种板的（　　　）。

　　a. 暂缓　　　　　b. 立即　　　　c. 使用寿命　　　d. 电导率

22. 种板电解周期取决于（　　　）和铜皮（　　　）。

　　a. 生产要求　　　b. 电流密度　　　c. 厚度　　　　d. 质量

23. 种板开槽率与铜的（　　　）及（　　　）、（　　　）密切相关。

　　a. 直收率　　　　b. 电流密度　　　c. 材料　　　　d. 人工消耗

24. 铜电解生产所用的电解液为（　　　）和（　　　）的水溶液。

　　a. 硫酸　　　　　b. 硫酸铜　　　　c. 盐酸　　　　d. 硫酸镍

25. 净化量是根据（　　　）、各种杂质进入电解液的（　　　）、有害杂质在电解液中的（　　　）以及所选择的（　　　）进行计算的。

　　a. 净化流程　　　b. 阳极铜的成分　　c. 百分数　　　d. 允许含量

26. 净液量的大小受最快超过（　　　）的（　　　）控制。

　　a. 生产要求　　　b. 极限浓度　　　c. 杂质　　　　d. 元素

27. 中和法生产硫酸铜反应步骤是（　　　）。

　　a. 氧溶于溶液中，并且向金属铜表面扩散

　　b. 溶解在溶液中的氧与铜作用生成氧化亚铜

　　c. 氧化亚铜与硫酸作用生成硫酸亚铜

　　d. 溶液中的硫酸亚铜迅速地被氧化成硫酸铜

e. 产物向溶液扩散

28. 硫酸铜生产常用的结晶方法有（　　　）。

    a. 降低溶液的温度　　　b. 提高溶液的浓度　　c. 同离子效应

    d. 提高溶液的温度　　　e. 降低溶液的浓度

29. 一般结晶过程分两步进行。首先是（　　　）过程，然后是（　　　）过程。

    a. 升温　　　　　　　b. 恒温　　　　　　　c. 晶核形成　　　　d. 晶体成长

30. 晶核的形成与成长与（　　　）、（　　　）、（　　　）和方法、（　　　）及（　　　）因素有关。

    a. 溶液的温度　　　　b. 冷却强度　　　　　c. 搅拌速度

    d. 物质的性质　　　　e. 杂质含量

31. 电解回收率是指在铜电解精炼过程中产出的（　　　）占（　　　）的百分比。

    a. 阴极铜所含铜量　　b. 全部产品含铜量　　c. 实际消耗物料所含铜量

32. 残极率是指产出（　　　）占投入（　　　）的百分比。

    a. 残极量　　　　　　b. 阳极量　　　　　　c. 阳极含铜量

33. 电解过程的"两极一液"是指（　　　）。

    a. 阴极　　　　　　　b. 阳极　　　　　　　c. 电解液　　　　　d. 脱铜终液

34. 当溶液中有 Fe^{2+} 含量升高时，会使（　　　）。

    a. 电耗增加　　　　　b. 电流效率降低　　　c. 电耗降低　　　　d. 电流效率升高

35. 槽电压随（　　　）的提高而（　　　）。

    a. 电解液温度　　　　b. 电流密度　　　　　c. 上升　　　　　　d. 下降

36. 电解过程中影响直流电耗的主要因素有（　　　）。

    a. 槽电压　　　　　　b. 电流效率　　　　　c. 电解液循环量　　d. 净液量

37. 影响交流电单耗的主要因素有（　　　）。

    a. 用电设备的电能利用率　　　　　　　b. 用电设备的选择配置及合理使用

    c. 用电的管理　　　　　　　　　　　d. 节能措施的应用

38. 造成浓差极化的主要因素有（　　　）。

    a. 电解液的循环速度　　b. 循环方向　　　　c. 电流密度　　　　d. 电解液的温度

39. 生产过程中对产出的始极片物理外观要求是（　　　）。

    a. 四边整齐　　　　　　b. 厚薄均匀　　　　c. 有韧性

    d. 弹性适中　　　　　　e. 板面平滑无粒子　　f. 边部不发酥

40. 硫化铜呈（　　　），在自然界中以（　　　）形式存在。

    a. 黑色或棕色　　　　　b. 灰色或蓝色　　　　c. 辉铜矿　　　　d. 铜蓝矿

41. 在铜电解精炼中，电解槽电路连接方式有两种，一种是（　　　），一种是（　　　）。

　　　　a. 串联法　　　　　　　b. 并联法　　　　　c. 复联法　　　　　d. 混联法

42. 缩短极距有哪些优点（　　　）。

　　　　a. 减少电解液的电压降　b. 降低电耗　　　　c. 增加槽内的阴阳极片数

　　　　d. 提高设备生产率　　　e. 提高电流效率　　f. 降低残极率

43. 对浇铸的阳极厚度要求（　　　）。

　　　　a. 下部厚于上部　　　　b. 上下厚度一致　　　c. 上部略厚于下部

44. 硫脲是一种（　　　）而（　　　）晶体。

　　　　a. 无色　　　　　　　　b. 浅黄色　　　　　　c. 白色　　　　d. 有光泽的

45. 电解液的循环方式有（　　　）。

　　　　a. 上进液下出液　　　　b. 下进液上出液　　　c. 下进液下出液　　d. 上进液上出液

五、计算题

1. 某电解系统白班电解液化验票含 Ni^{2+} 15g/L，当天早上抽液 10m^3，次日白班电解液化验票含 Ni^{2+} 15.2g/L，若系统溶液体积为 1000m^3，抽出电解后液镍的脱除率为 80%，为使 Ni^{2+} 浓度控制在 15g/L 以下，应如何调整抽液量？（溶液中 Cu^{2+} 浓度不考虑）

2. 某铜电解车间某月处理粗铜阳极 1813.5000t，产出阳极泥 22.500t，求阳极泥率？

3. 某电解生产系统电解液的总体积为 1000m^3，经化验电解液含 Ni^{2+}19g/L，计算需抽出多少体积的溶液，电解液 Ni^{2+} 含量才能降到 14g/L？

4. 已知年产 10000t 阴极铜生产系统，其中原料阳极板中含铜≥99.43%，阴极铜含铜要求≥99.95%，残极率要求控制：≤15%，回收率控制≥99.8%，计算年需要阳极板的量。（电解过程中铜元素分配为：进入成品 98%、进入阳极泥 0.07%、进入电解液 1.93%）

5. 日处理溶液（含 Cu^{2+}45g/L，$H_2SO_4$150g/L）400m^3，如采用不溶阳极电解方法进行处理，要求处理后液含 Cu^{2+}≤30g/L，计算需要多少电积槽？（电流：6000A，电流效率：60%，每天有效通电时间 18h）

6. 已知某厂月生产阴极铜 1200t，阴极铜主品位 99.95%，本月共投入铜量 1600t，月初和月底结存量不变，计算直收率？

7. 脱铜槽电流为 6000A，若将其电流效率由 65% 提高到 70%，问 13 个槽每年可多产出海绵铜量多少吨？（有效工作日 330d/a，有效工作小时 23.5h/d）

8. 设计规模为年产阴极铜 20000t，阳极板成分为：铜 99.43%、镍 0.157%，生产 1t 阴极铜需要溶解阳极的量 1.0258t，净化过程镍脱除率为 75%，电解液含铜控制 50g/L、含镍控制 15g/L，计算每年净液量为多少？（电解过程进入电解液中镍百分数为 80%，进入阴极铜中铜百分数为 98%）

9. 有电解后液 60m³，含 Cu^{2+} 50g/L，脱铜槽 22 台，通过电流 5500A，经过多少小时后，才能使电解液含铜降至 3g/L？（脱铜电流效率按 80% 计算）

10. 已知年产阴极铜产量 10000t，电流强度控制 10000A，电流效率 96%，电解槽作业率 95%。计算需要多少台电解槽。（工作日取 360d/a，铜的电化当量 1.1852g/(A·h)）

11. 一段脱铜槽（1332.7m^3）经10h脱铜后，脱除铜量为0.6t，试求同时生产出多少酸？

12. 若将10m^3含$CuSO_4$140g/L溶液全部制成$CuSO_4 \cdot 5H_2O$，可生产产品多少吨？

13. 在5m^3含$CuSO_4$196g/L溶液中加入含Cu^{2+}128g/L的溶液多少立方米，可恰好使溶液全都转为$CuSO_4$，若产品是$CuSO_4 \cdot 5H_2O$，则产量是多少？

14. 电解液总体积800m^3，阳极板成分为Cu 94%，Ni 4.5%、镍的溶解率为80%，已知Ni^{2+}的增长速度为2.2g/L，求每天阳极板的溶液量？

15. 电解工段电解液总体积 $800m^3$，为了检修电解槽，将电解液体积压缩至 $650m^3$，电解液化学成分为 H_2SO_4：$95g/L$，Cu^{2+}：$36g/L$，开工时溶液体积要恢复到原来状况，要求开产后溶液技术条件为 H_2SO_4：$110g/L$，Cu^{2+}：$40g/L$，问需要补加 96% 的工业硫酸铜和 93% 的工业硫酸各多少吨？（工业硫酸铜中铜的百分含量为 25.4%）

16. 有 30 台电解槽装入阳极板 $124.8t$，通过 $5500A$ 的电流，阴极平均电流效率以 90% 计算，如果残极率控制在 22%，求阳极周期是多少天？

17. 将 $250kg$ $CuSO_4 \cdot 5H_2O$，配成 $2m^3$ 溶液，问其中每升含有多少克 $CuSO_4$？

18. 铜电解车间某月产出阴极铜 $1100t$，消耗交流电量为 $341000kW \cdot h$，低压用电量占总用电量的 12%，整流器转换效率为 94%，计算该月车间交流电单耗和直流电单耗各是多少？

19. 已知某铜电解车间有生产电解槽 120 台，电解槽阴极片数为 39 片，电解过程阴极周期为 6 天，计算需要多少种板槽？（种板周期取 1 天，一个阴极所需要始极片量取 1.06，一个种板槽种板数 37 片，始极片废品率控制小于 0.05）

20. 已知阳极板烫洗槽有效体积为 3m^3，要求烫洗液含酸 100～150g/L，烫洗温度 65～75℃，问如何配制烫洗液？（不考虑加温蒸汽带来的体积膨胀效应，92% 的浓硫酸，在常温下密度为 1.81g/mL）

六、简答题

1. 影响交流电单耗的因素有哪些？

2. LAROX 净化过滤机采用的是什么过滤技术，其特点是什么？

3. 缩短极距的优缺点？

4. 提高电解回收率的主要措施有哪些？

5. 阳极在下槽前应怎样处理？

6. 电解液中胶富集的特征？

7. 种板槽添加剂量的大小在阴极钉耳时有何影响？

8. 影响蒸汽单耗的主要因素有哪些？

9. 生产上对下槽阴极有何要求？

10. 在铜电解过程中杂质砷、锑、铋的行为如何？

11. 降低电能消耗的措施？

12. 提高电解直收率的主要措施？

13. 影响电解直收率的因素有哪些？

14. 降低残极率采取的措施？

15. 种板槽循环量的大小对铜皮质量有何影响？

16. 如何确定电解液净化量？

17. 电解槽的槽面管理应抓好哪几个方面的工作？

18. 影响残极率的主要因素有哪些？

19. 电流密度高低对电流效率有何影响？

20. 影响蒸汽单耗的主要因素？

21. 降低硫酸单耗的措施。

22. 降低车间加工费的主要途径？

23. 简述提高劳动生产率的途径?

24. 如何防治电解极间短路或烧板?

25. 电解液泡洗阳极的优点有哪些?

26. 使用钛种板有何优点?

27. 阴极面积过小对阴极铜质量有何影响?

28. 电解脱铜的目的是什么？

29. 什么是漂浮阳极泥，生产上如何解决漂浮阳极泥问题？

30. 胶在电解过程中的作用是什么？

31. 浓差极化应急处理的方法是什么？

32. 阳极钝化预防措施主要有哪些？

33. 镍在铜电解过程中杂质镍的行为如何?

34. 辅助给液在脱铜生产中的作用是什么?

35. 脱铜的原理是什么?

七、综合分析题

1. 结合生产实际分析阴极铜长气孔的原因以及处理方法(大面积)。

2. 电解生产过程中如何正确处理直收率与残极率的关系?

3. 电解液中铜离子浓度控制高低对阴极铜质量有何影响?

4. 影响阳极外观质量的因素有哪些?

5. 铜阳极板化学成分对电解生产过程控制及最终产品阴极铜质量有哪些影响?

6. 现有一含铜溶液,其中含硫酸 135g/L,含铜 40g/L,含镍 4.8g/L,请设计三种工艺流程(简单画出或简单叙述)将溶液中的铜以产品的形式提取出来。

7. 论述阳极钝化的成因,如何应急处理阳极钝化?

8. 影响阴极外观质量的主要因素有哪些?

9. 如何进行设备保养?

10. 阳极板中镍高对电解生产造成的问题及采取的措施。

11. 电流密度提高对生产有何影响?

12. 铅阳极板在脱铜过程中的行为如何?

13. 阴极析出物成海绵铜状原因及处理措施?

14. 铜阳极板物理质量存在缺陷，对电解的生产影响有何影响?

15. 造成极间短路或烧板的原因主要有哪些?

16. 目前国内电解液净化方法主要有哪几种?

17. 盐酸在铜电解生产中有什么作用?

18. 如何提高电热蒸发槽蒸发效率?

19. 电解槽的槽面管理应抓好哪几个方面的工作?

20. 结晶过程与哪些因素有关?

21. 电解液净化的方法有哪些?

22. 电解液的循环方式有哪几种, 各有什么优缺点?

23. 中和槽开槽时，为什么先加水再加浓硫酸？

24. 提高电解液的温度对电解过程有何优缺点？

25. 电解过程为什么要定期抽出部分电解液进行净化处理？

26. 阴极断耳原因及处理措施？

27. 电解液重新装槽后，为什么溶液要循环 20min 后通电？

28. 电解过程保证平衡体积的措施有哪些？

29. 分析添加剂在电解过程中的作用。

30. 阳极周期过长或过短对于生产有什么不利影响？

B 净化复习题

一、填空题

1. 利用高温从矿石提取金属或其化合物的冶金过程称（   ）。

2. 阴极铜的杂质（   ），（   ），（   ）影响电导率，杂质（   ）影响延展性。

3. 湿法炼铜主要用于处理（   ），（   ），（   ）。

4. 在中和过程中，氧的含量越（   ），铜的溶解速度越快。

5. 铜电解车间目前常用的电解添加剂是（   ），（   ），（   ）。

6. 在电解液净化过程中，通过（   ）、（   ）、（   ）等工艺过程，可获得粗硫酸镍。

7. 在溶液净化过程中镍通常是以（   ）、（   ）的形式加以回收。

8. 在脱铜电解过程中，阳极上生成物是（   ）气体。

9. 高纯阴极铜杂质元素总含量（   ）。

10. 诱导脱铜辅助给液的目的就是通过控制脱铜过程中铜离子的浓度，最终脱除电解液中的（   ）等杂质。

11. 自产原料生产的阳极板所含的主要杂质为（   ）。

12. 铜的火法冶炼一般采用（   ），（   ），（   ），（   ）四种方法。

13. 脱铜槽电压由（   ），（   ），（   ），（   ）组成。

14. 铜电解主要技术指标（   ），（   ），（   ）。

15. 工厂成本主要由（   ），（   ），（   ）构成。

16. 我国铜矿资源储量居世界第（   ），主要矿区分布在（   ），（   ），（   ），（   ）等地。

17. 铜的主要化合物有（   ），（   ），（   ），（   ）。

18. 电解液中带正电荷的离子称为（   ），带负电荷的离子称为（   ）。

19. 液态铜能溶解（   ），（   ），（   ），（   ），（   ）等气体。

20. 硫酸铜在自然界中以（   ）形式存在。

21. 铜电解生产用电解液为（   ）和（   ）的水溶液。

22. 铜在潮湿的空气中，当有（   ）存在时，在铜的表面上易形成一层绿色有毒的（   ）薄膜，俗称（   ）。

23. 当一定量电流通过电解槽时，在阴极上析出的和阳极上溶解的金属（   ）数是相等的。

24. 在（   ）或（   ）状态下能导电的物质称为电解质。

25. 用来改善阴极析出结晶状况的（   ）物质，称为添加剂。

26. 单位电极表面通过的电流强度称为（   ）。

27. 保证阴极铜质量的最大电流密度称为（   ）。

28. 在脱铜过程中，当铜离子浓度脱到很低时，在阴极上会生成一种（   ）气体，这种气体（   ），很难察觉，但其（   ）很大。

29. 通过电解液净化，纯净了（   ），并在净化过程中获得了副产品（   ）和（   ）。

30. 生产结晶粗硫酸镍的方法一般可分为（   ）法，（   ）法和（   ）法。

31. 结晶硫酸镍搅拌搅拌主要是扩大（   ），防止（   ），使结晶核发生无数次碰撞，使晶体长大。

32. 结晶硫酸铜如果长期暴露于干燥的空气中，就会（   ），失去部分或全部（   ），成为（   ）。

33. 电解时在电极上析出或溶解（   ）的量与通过的电量成正比。

34. （   ）之间的距离称为同极距。

35. 具有规则的几何外形的固体称为（   ）。

36. 两价的铜在溶液中显（   ）色。

37. 氧化铜在高温下可分解成（   ）和（   ）。

38. 在电解过程中，电解液不断富集了杂质，影响阴极铜的析出质量，因此要定期抽出部分电解液进行（   ）。

39. 铜的标准电极电位是（   ），镍的标准电极电位是（   ）。

40. 从铜矿石或铜精矿中提取铜有两种方法，一种是（   ），一种是（   ）。

41. 电解时，阳离子在阴极上得到电子发生（   ）反应，铜原子在阳极上失去电子发生（   ）反应。

42. 铜电解精炼后产出的三种主要产物（   ）、（   ）、（   ）。

43. 每秒钟通过导体单位横截面积的电量，称为（   ）。

44. 电蒸发进液阀门开得过小易造成（   ）。

45. 诱导脱铜工序的主要危害是（   ）、（   ）。

46. 硫脲的分子式为（   ）。

47. 直火浓缩法一般分为两个阶段进行，即（   ）和（   ）。

48. 连续脱铜脱砷法，也称诱导法脱（   ）。

49. 电热浓缩法的工艺原理与（   ）法基本相同。

50. 永久阴极铜电解技术的特征是使用（　　　　　）阴极取代传统的始极片。

51. 结晶硫酸镍的分子式（　　　　　）。

52. 电流通过（　　　）导体，两极发生化学反应的过程称为电解。

53. 出装槽作业有出（　　　）极和出（　　　）极之分。

54. 铜电解车间生产用电有两种：分别是（　　　）和（　　　）。

55. 净化流程的选择与（　　　），所产（　　　），各种（　　　），综合（　　　）及（　　　）等因素有关。

56. 诱导法脱铜电解槽是（　　　　　），溶液采用（　　　　　），从高端进、低端出。

57. 硫酸铜（　　　），呈（　　　）的三斜晶系结晶。

58. 铜电解目前采用（　　　　　）法生产粗硫酸铜，（　　　　　）法生产粗硫酸镍。

59. 阴极铜中杂质镍主要是在电解过程中（　　　　　）所致。

60. 铜电解产出的残极送（　　　　　），阳极泥送（　　　　　），老酸返（　　　　　）。

61. 电解液净化目的是（　　　　　　　　　　　）。

62. 在铜阳极品位较高的情况下，出现溶液中铜离子浓度不断上升的现象，应（　　　　　），在电解系统（　　　　　）。

63. 蒸发器如遇突然停电或停水，停真空时，应立即停止（　　　　　），将（　　　）阀门全部关闭。

64. 真空蒸发器的最大优点是（　　　　　　　　　　　）。

二、判断题

1. 电解液的电导率随着温度的升高而降低。（　　　）

2. 测定车间内空气中砷化氢含量时，用 pH 值进行测定。（　　　）

3. 在铜电解生产过程中阴极面积比阳极面积小。（　　　）

4. 冷冻结晶采用自然降低温度法，使溶质从溶液中结晶出来。（　　　）

5. 采用不溶阳极进行电解的方法称为电积法。（　　　）

6. 凡是高于大气压的空间状态，称为真空状态。（　　　）

7. 除去溶液中的杂质，使溶液纯化的操作过程称为净化。（　　　）

8. 阴阳两极之间的距离称为同极距。（　　　）

9. 铜电解精炼是在电解槽内通过阴阳极反应来实现的。（　　　）

10. 脱铜槽反应阴极析出铜，阳极放出氢气。（　　　）

11. 电解时在电极上析出或溶解物质的量与通过的电量成反比。（　　　）

12. 使溶液中溶剂汽化，溶液浓度增大的过程称为溶解。（　　　）

13. 电解液内主要靠铜离子导电。（　　　）

14. 在电解过程中阴极理论析出量与实际析出量的百分比，称为电流效率。（　　）

15. 电蒸发脱镍通过溶液自身的电阻产生热使溶液沸腾，从而浓缩溶液。（　　）

16. 真空蒸发是利用低压下溶液的沸点降低的原理，用较少的蒸汽蒸发大量的水分。（　　）

17. 在脱铜过程中，铅锑阳极表面形成一层氧化铅。（　　）

18. 硫酸铜的固液分离过程通常是在过滤机中完成的。（　　）

19. 在电解过程中，在溶液中发生的电化学反应，称为电极反应。（　　）

20. 槽电压通常指平均槽电压，是电解槽同极间的平均电压降。（　　）

21. 铜电解精炼所用的电解液为硫酸和硫酸铜组成的水溶液。（　　）

22. 随着电流密度的提高，阴极附近电解液中含铜浓度贫化的程度加剧。（　　）

23. 始极片品位要达到阴极铜质量标准，结晶致密。（　　）

24. 一般结晶过程分两步进行。首先是晶核形成过程，然后是晶体成长过程。（　　）

25. 硫脲是一种白色而有光泽的粉体。（　　）

26. 在电解液中，一般情况下，与其他杂质浓度的上升速度相比，铜浓度的上升速度是最慢的。（　　）

27. 电解直收率指在铜电解精炼过程中产出的阴极铜所含铜量占实际投入物料所含铜量的百分比。（　　）

28. 高镍阳极板电解生产过程中，电解液里镍离子浓度不断升高。（　　）

29. 槽电压随电流密度的提高而降低。（　　）

30. 直流电单耗是指单位产品阴极铜所消耗的直流电量。（　　）

31. 硫酸镍在稀硫酸中的溶解度相当大，但在浓硫酸中几乎不溶解。（　　）

32. 电积脱铜的目的是将电解液中的铜、砷、锑等杂质脱出，为做粗硫酸镍提供条件。（　　）

33. 残极率是指产出残极量占投入阳极量的百分比。（　　）

34. 电单耗是指单位产品产量所消耗的直流电量。（　　）

35. 降低残极率可提高直收率。（　　）

36. 铜属元素周期表的第二周期、第一副族元素。（　　）

37. 缩短极间距离，可以降低电解液电阻，即降低电解槽的电压降和阴极铜的直流电耗。（　　）

38. 发生浓差极化是由于阴极区域主金属离子浓度过高。（　　）

39. 温度升高，氧在溶液中的溶解度降低。（　　）

40. 铜电解精炼的阳极板是一种含有多种元素的合金。（　　）

41. 银不仅以离子状态，而且以胶体粒子状态进入溶液。（　　）

42. 阳极含氧量增大，也使阳极泥率增大。（　　）

43. 铜电解的残极率控制在 $10\% \sim 15\%$。（　　）

44. 高纯阴极铜杂质总含量不大于 0.065%。（　　）

45. 诱导法脱铜，也称连续脱铜。（　　）

46. 冷冻结晶法是采用人工制冷的办法将溶液的温度降低至比自然冷却或水冷却更低的温度。（　　）

47. 湿法冶炼主要处理的是硫化矿。（　　）

48. 根据电化学理论，在阳极上首先放电析出的是负电性较负的元素，阴极上首先放电析出的是正电性较正的金属。（　　）

49. 脱铜槽的槽电压高于普通铜电解槽的槽电压。（　　）

三、单项选择题

1. 脱铜电解液循环方式为（　　）。
   a. 上进上出　　　　　b. 上进下出　　　　　c. 下进下出　　　　　d. 下进上出

2. 铜电解的残极率控制在（　　）。
   a. $10\% \sim 15\%$　　　b. $15\% \sim 20\%$　　　c. $20\% \sim 25\%$

3. 铜阳极板含氧量越高，进入溶液的镍量越（　　），对阳极板的溶解速度越大。
   a. 多　　　　　　　b. 少

4. 电解时阳离子在阴极上得到电子发生（　　）反应。
   a. 氧化　　　　　　b. 还原

5. 在电流强度不变的情况下，电流密度与阴极面积成（　　）。
   a. 正比　　　　　　b. 反比

6. 真空蒸发是利用（　　）下溶液的沸点降低的原理，用较少的蒸汽蒸发大量的水分。
   a. 低压　　　　　　b. 高压　　　　　c. 常压

7. 结晶硫酸铜在露天放一段时间，就会出现白色粉末是由于失去（　　）所致。
   a. 硫酸　　　　　　b. 结晶水　　　　　c. 铜

8. 脱铜过程中直流电单耗与槽电压成（　　）。
   a. 正比　　　　　　b. 反比

9. 在电积脱铜过程中，铅锑阳极表面形成一层（　　）。
   a. PbO　　　　　　b. $Pb(SO_4)_2$

10. 阳极板含氧量越高，进入溶液的镍量越（　　），同时对阳极的溶解速度影响越大。
    a. 多　　　　　　　b. 少

11. 浓硫酸对织物和皮肤有很强的腐蚀作用，因为它是个（　　）。
    a. 氧化剂　　　　　b. 二元酸　　　　　c. 脱水剂

12. 在脱铜过程中，阳极上生成物是（　　）气体。

　　a. 氢气　　　　　　　　b. 氧气　　　　　　　　c. 氯气

13. 保证阴极铜质量的最大电流密度称为（　　）。

　　a. 允许电流密度　　　　b. 极限电流密度

14. 在阴极上首先析出的应该是电极电位（　　）。

　　a. 较高的阳离子　　　　b. 较低的阴离子

15. 中和过程中，铜料的表面积越大，与氧接触面积（　　）。

　　a. 越大　　　　　　　　b. 越小

16. 在脱铜过程中，随着铜离子浓度降低，铜的析出电位会（　　）。

　　a. 逐渐降低　　　　　　b. 逐渐升高　　　　　　c. 不变

17. 高纯阴极铜杂质总含量不大于（　　）。

　　a. 0.0055%　　　　　　b. 0.0060%　　　　　　c. 0.0065%

18. 下列元素中那些电位与铜接近（　　）。

　　a. Pb　　　　　　　　　b. Ni　　　　　　　　　c. As

19. 在中和过程中随着温度的降低，铜的溶解度（　　）。

　　a. 降低　　　　　　　　b. 升高　　　　　　　　c. 不变

20. 硫酸属于（　　）电解质。

　　a. 强　　　　　　　　　b. 弱　　　　　　　　　c. 非

21. 结晶硫酸铜在露天放一段时间，就会出现白色粉末是由于失去（　　）所致。

　　a. 硫酸　　　　　　　　b. 结晶水　　　　　　　c. 铜

22. 结晶硫酸铜的分子式为（　　）。

　　a. $CuSO_4 \cdot H_2O$　　b. $CuSO_4 \cdot 5H_2O$　　c. $CuSO_4$　　　　d. Cu_2SO_4

23. 硫酸铜结晶率随着温度的（　　）而提高。

　　a. 升高　　　　　　　　b. 降低

24. 阳极杂质含量高时，为了获得较好的阴极铜，电解液温度应（　　）。

　　a. 适当降低　　　　　　b. 适当提高

25. 真空蒸发依据的原理是一个（　　）过程。

　　a. 物理　　　　　　　　b. 化学

26. 电解液内主要靠（　　）导电。

　　a. H^+　　　　　　　　b. Cu^{2+}　　　　　　　c. SO_4^{2-}

27. 阳极板含氧越高，进入溶液的镍量越（　　）。

　　a. 多　　　　　　　　　b. 少

28. 阳极钝化主要原因是因为阳极表面形成一层（　　）薄膜。

a. 致密　　　　　　b. 松散　　　　　　c. 网状

29. 蒸发效率是指单位时间内、单位体积蒸发器中金属离子的（　　）量。

a. 浓缩　　　　　　b. 分配　　　　　　c. 反应

30. 在一定范围内，电解液含酸越高，可以（　　）槽电压。

a. 增高　　　　　　b. 降低

31. 在稀硫酸溶液中硫酸浓度增大，氧的溶解度（　　）。

a. 升高　　　　　　b. 减低　　　　　　c. 不变

32. 在电解槽内，电能转化为其他能的重要形式是（　　）。

a. 化学能　　　　　b. 机械能　　　　　c. 热能

33. 提高电流密度会使阴、阳极电位差（　　）。

a. 加大　　　　　　b. 减低　　　　　　c. 不变

34. 中和槽岗位，搁放阳极板的倾斜度不得大于（　　）。

a. 65°　　　　　　b. 75°　　　　　　c. 85°

35. 结晶硫酸镍的分子式（　　）。

a. $NiSO_4 \cdot 5H_2O$　　　b. $NiSO_4$　　　c. $NiSO_3 \cdot 7H_2O$

36. 焙烧的目的是将硫化铜精矿中的硫部分或全部氧化成（　　）形式脱除。

a. SO_2　　　　　　b. SO_3　　　　　　c. $CuSO_4$

37. 下列元素中哪些电位与铜接近（　　）。

a. Ni　　　　　　b. As　　　　　　c. H^+

38. 两价的铜在溶液中显（　　）色。

a. 蓝　　　　　　b. 绿　　　　　　c. 黑

39. 直流电单耗与槽电压成（　　）比。

a. 正　　　　　　b. 反

40. 真空蒸发后液密度超过上限设定值，处理方法是应手动（　　）蒸发后液调节阀的开度，（　　）蒸汽调节阀的开度。

a. 加大，减小　　b. 减小，加大　　c. 加大，加大　　d. 减小，减小

41. 立式搅拌水冷结晶机是（　　）作业，带式结晶机是（　　）作业，电积脱铜作业是（　　）作业。

a. 连续,间断,连续　　b. 间断,连续,间断　　c. 间断,连续,间断

42. 硫酸镍结晶颗粒大小与（　　）有关。

a. 冷冻速度　　　　b. 离心

43. （　　）有利于晶核生长，形成粗大的结晶。

a. 冷却速度慢，没有搅拌　　b. 冷却速度快，有搅拌　　c. 冷却速度快，没有搅拌

44. 对同一蒸发液体，蒸发越快吸热越（　　）。
    a. 多　　　　　　　　 b. 少　　　　　　　　 c. 很大　　　　　　　 d. 很少

45. 电解过程中加入盐酸过量，对净化设备（　　）影响；电解液中杂质锑铋高对净化（　　）影响。
    a. 有、无　　　　　　 b. 无、有　　　　　　 c. 有、有

46. 剥离的始极片过硬是由于添加剂（　　）。
    a. 过小　　　　　　　 b. 过量

47. 氧化铜在高温下可分解成氧气和（　　）。
    a. 氧化亚铜　　　　　 b. 硫酸铜　　　　　　 c. 铜

48. 电流密度是单位阴极板面积上通过的（　　）。
    a. 电流强度　　　　　 b. 电子数量

四、多项选择题

1. 溶液的 pH 值是由溶液里的（　　）的浓度大小来决定的。
   a. 氢离子　　　　　 b. 金属离子　　　　 c. 氢氧根离子　　　　 d. 氯离子

2. 目前，湿法炼铜主要用于处理（　　）。
   a. 氧化铜矿　　　　 b. 低品位铜矿　　　 c. 硫化矿废矿　　　　 d. 辉铜矿

3. 铜电解车间现用的添加剂有哪几种（　　）。
   a. 明胶　　　　　　 b. 硫脲　　　　　　 c. 硫酸　　　　　　　 d. 盐酸

4. 下列哪些元素的电位与铜接近（　　）。
   a. Pb　　　　　　　 b. Ni　　　　　　　 c. As　　　　　　　　 d. Sb

5. 生产标准阴极铜生产槽极距选择（　　）；生产高纯阴极铜生产槽极距选择（　　）为宜。
   a. 90mm　　　　　　 b. 100mm　　　　　 c. 105mm　　　　　　 d. 110mm

6. 自产料生产的阳极板所含的最主要杂质是（　　），外购原料生产的阳极板所含的最主要杂质质量（　　）。
   a. Fe　　　　　　　 b. S　　　　　　　　 c. Ni　　　　　　　　 d. As、Sb、Bi

7. 下列生产过程中属化学反应（　　），物理反应（　　），电化学反应（　　）。
   a. 真空蒸发过程　 b. 诱导脱铜过程　　 c. 电热蒸发过程
   d. 中和造液　　　 e. 旋流电解　　　　 f. 生产阴极铜

8. pH 值等于 7 时，溶液呈（　　），pH 值小于 7 时，溶液呈（　　），pH 值大于 7 时，溶液呈（　　）。
   a. 酸性　　　　　　 b. 碱性　　　　　　 c. 中性

9. 阳极的电解周期长短与（　　）有关。

    a. 电流密度　　　　b. 阳极重量　　　　c. 阴极重量　　　　　　　d. 电流效率

10. 车间实物劳动生产率与车间年产产品的产量成（　　），与车间劳动定员数成（　　）。

    a. 正比例　　　　　b. 反比例　　　　　c. 不成比例

11. 铜属于元素周期表的第（　　）周期，第（　　）副族元素。

    a. 一　　　　　　　b. 二　　　　　　　c. 三　　　　　　　　　　d. 四

12. 湿法炼铜主要用于处理（　　）。

    a. 氧化铜矿　　　　b. 低品位铜矿　　　c. 硫化矿废矿　　　　　　d. 辉铜矿

13. 铜电解造新液的方法（　　）。

    a. 中和造液　　　　b. 真空蒸发过程　　c. 重溶过程

14. 中和槽开槽时应先加（　　），再补加（　　），加入（　　）然后开汽开风。

    a. 酸　　　　　　　b. 水或废料　　　　c. 铜料

15. 脱铜终液含铜返脱镍系统处理时控制在小于（　　）；返电解系统时控制在小于（　　）。

    a. 0.5g/L　　　　　b. 1.5g/L　　　　　c. 2.5g/L　　　　　　　　d. 3g/L

16. 直流电单耗与槽电压成（　　）比，与电流效率成（　　）比。

    a. 正　　　　　　　b. 反

17. 脱铜槽中铅阳极板与直流电源（　　）极相连，铜皮阴极与电源的（　　）极相连。

    a. 正　　　　　　　b. 负

18. 电解槽中粗铜阳极与直流电源（　　）极相连，铜皮阴极与电源的（　　）极相连。

    a. 正　　　　　　　b. 负

19. 电解过程中，阿维同-A 产生聚合作用，与（　　）一起协同作用，（　　）胶的作用强度。

    a. 硫脲　　　　　　b. 增加　　　　　　c. 减轻

20. 铜的标准电极电位是（　　），镍的标准电极电位是（　　）。

    a. −0.23V　　　　　b. 0.25V　　　　　c. 0.34V　　　　　　　　d. −0.32V

21. 生产结晶粗硫酸镍的方法一般可分为（　　）。

    a. 直火浓缩法　　　b. 冷冻结晶法　　　c. 电热蒸发法　　　　　　d. 中和槽法

22. 净液的目的是（　　）。

    a. 净化脱出对电解过程有危害的杂质　　b. 回收有价金属

    c. 电解液中铜镍离子的平衡　　　　　　d. 浓缩体积

23. 中和效率和哪些因素有关系（　　）。

    a. 氧量　　　　　　b. 铜表面积　　　　c. 温度　　　　　　　　　d. 硫酸浓度

24. 结晶硫酸镍搅拌的目的是（　　）。

    a. 扩大散热面积   b. 防止硫酸镍局部结晶

    c. 使晶体长大   d. 使晶体减小

25. 中和槽操作过程中的需要注意的操作事项指的是（　　　　）。

    a. 勤加水   b. 勤补酸   c. 勤测温

    d. 勤调风   e. 勤观察

26. 循环量的大小与（　　　）、（　　　）、（　　　）及（　　　）有关。

    a. 电流密度   b. 阳极板的成分   c. 电解槽的容积

    d. 电解液的温度   e. 阴极铜成分

27. 真空蒸发是利用（　　　）溶液的沸点降低的原理，用较少的蒸汽蒸发大量的（　　　）。

    a. 低压下   b. 高压下   c. 电解液   d. 水分

28. 电解后的主要产物有（　　　）、（　　　）、（　　　）。

    a. 阴极铜   b. 阳极泥   c. 电解液

    d. 残极   e. 硫酸铜   f. 硫酸镍

29. 在一定范围内电解液含（　　　）越高，导电性越（　　　）。

    a. 酸   b. 铜   c. 小   d. 好

30. 电蒸发仪表只有电压显示而无电流显示，主要原因是（　　　）。

    a. 电极太短   b. 电极断裂   c. 电极太长   d. 其他原因

31. 真空过滤机过滤料不干主要原因是（　　　）。

    a. 真空过大   b. 真空过小   c. 料层过薄

    d. 料层太厚   e. 酸度过小   f. 酸度过大

32. （　　　）措施可以消除阳极钝化。

    a. 加入适量盐酸 b. 提高电解液温度 c. 刮去阳极表面钝化物 d. 提高电流密度

33. 电解槽上要盖布的目的（　　　）。

    a. 电解液保温   b. 防尘、减少电解液污染

    c. 减少电能消耗   d. 降低蒸发量

34. （　　　）措施可提高电蒸发效率。

    a. 保持电极三相平衡   b. 清理电极结垢

    c. 增加电流波动幅度   d. 提高蒸发前液温度

35. 热蒸发法生产粗硫酸镍的优点是（　　　）。

    a. 电能消耗小   b. 工人劳动强度小   c. 环保效果好   d. 自动化程度高

36. 阴极铜出现凉烧板的原因是（　　　）。

    a. 阴极导电不良   b. 短路   c. 断路

37. 车间采用（　　　）何种工艺除镍，（　　　）工艺除砷、锑、铋。

　　　a. 电热蒸发　　　b. 真空蒸发　　　c. 中和造液　　　d. 诱导脱铜

38. 手动打磨种板表面浇水有何作用（　　　）。

　　　a. 减少污染　　　b. 延长种板寿命　　c. 降低打磨温度　　d. 降低劳动强度

39. 车间溶液净化过程中铜是以（　　　）形式加以回收的。

　　　a. 粗结晶硫酸铜　b. 粗制硫酸镍　　c. 黑铜渣　　　　d. 黑铜板

40. 直流电单耗与槽电压成（　　　）比，与电流效率成（　　　）比。

　　　a. 正　　　　　　b. 反　　　　　　c. 不成比例

五、计算题

1. 某电解系统白班电解液化验票含 Ni^{2+} 15g/L，当天早上抽液 10m³，次日白班电解液化验票含 Ni^{2+} 15.2g/L，若系统溶液体积为 1000m³，抽出电解后液镍的脱除率为 80%，为使 Ni^{2+} 浓度控制在 15g/L 以下，应如何调整抽液量？（溶液中 Cu^{2+} 浓度不考虑）

2. 日处理溶液（含 Cu^{2+} 45g/L，H_2SO_4 150g/L）400m³，如采用不溶阳极电解方法进行处理，要求处理后液含 Cu^{2+} ≤30g/L，计算需要多少电积槽？（电流：6000A，电流效率：60%，每天有效通电时间 18h）

3. 某电解生产系统电解液的总体积为 1000m³，经化验电解液含 Ni^{2+} 19g/L，计算需抽出多少体积的溶液，电解液 Ni^{2+} 含量才能降到 14g/L？

4. 进入真空蒸发器溶液体积为 4m³，经分析含 Ni^{2+} 45g/L，在不补体积的情况下，经蒸发浓缩后 Ni^{2+} 浓度 80g/L，试求浓缩后液的体积。

5. 已知某厂月生产阴极铜 3600t，阴极铜主品位 99.95%，实际消耗阳极板 3800t，阳极主品位 96%，计算回收率？

6. 已知某厂月生产阴极铜 1200t，阴极铜主品位 99.95%，本月共投入铜量 1600t，月初和月底结存量不变，计算直收率？

7. 脱铜槽电流为 6000A，若将其电流效率由 65% 提高到 70%，问 13 个槽每年可多产出海绵铜量多少吨？（有效工作日 330d/a，有效工作小时 23.5h/d）

8. 进入真空蒸发器溶液体积为 $10m^3$，经分析含 $H_2SO_4 110g/L$，$Ni^{2+} 45g/L$，$Cu^{2+} 10g/L$，在不补体积的情况下，经蒸发浓缩后还剩 $5m^3$，试求浓缩后液的 H_2SO_4、Ni^{2+} 浓度？

9. 有电解后液 $60m^3$，含 $Cu^{2+} 50g/L$，脱铜槽 22 台，通过电流 5500A，经过多少小时后，才能使电解液含铜降至 $3g/L$？（脱铜电流效率按 80% 计算）

10. 电解后液成分 H_2SO_4 110g/L，Ni^{2+} 45g/L，Cu^{2+} 40g/L，体积 $60m^3$，经浓缩脱铜、脱镍后产出结晶硫酸镍 10t，含 Ni19%，结晶母液体积 $60m^3$，成分 H_2SO_4 140g/L，Ni^{2+} 12g/L，分别计算镍的直收率、总收率各是多少？

11. 净化系统脱铜电解槽平均槽电压为 2.1V，电流效率为 85%，若线路损失不计，求直流电单耗？

12. 一段脱铜槽 （$13 \times 2.7m^3$） 经 10h 脱铜后，脱除铜量为 0.6t，试求同时生产出多少酸？

13. 在 5m^3 含 $CuSO_4$ 196g/L 溶液中加入含 Cu^{2+} 128g/L 的溶液多少立方米，可恰好使溶液全都转为 $CuSO_4$，若产品是 $CuSO_4 \cdot 5H_2O$，则产量是多少？

14. 现有含 Cu^{2+} 140g/L 的溶液 5m^3，此溶液可配制成含 Cu^{2+} 40g/L 的溶液多少立方米，需加水多少吨？（$d_{水} = 1kg/L$）

15. 中和槽溶液含 H_2SO_4 30g/L，体积 6m^3，若加 98% 的硫酸（密度 1.84g/cm^3）1t，可将溶液含酸调配到多少克/升？

16. 将 250kg $CuSO_4 \cdot 5H_2O$，配成 2m^3 溶液，问其中含有多少克/升 $CuSO_4$？

17. 某铜电解车间每月生产阴极铜 4000t，开动电流 8000A，电解液含铜为 42g/L，日净液量 33m³，电解过程中化学溶解率 1.5%，若维持电解液含铜不变，计算应设多少造酸槽？（生产天数 30d/月，造酸槽电流效率 95%，阴极铜品位 99.96%）

18. 电解液总体积 800m³，阳极板成分为 Cu 94%，Ni 4.5%、镍的溶解率为 80%，已知 Ni^{2+} 的增长速度为 2.2g/L，求每天阳极板的溶液量？

19. 某铜电解车间共有电解槽 96 台，其中有一个脱铜槽，测得该槽的槽电压为 2.4V，其他槽的平均槽电压为 0.24V，这时车间配电盘上的总电压为 26V，该车间的线路损失是多少？

20. 已知某系列电解槽 18 台，从 5 月 3 日 9：00 装入始极片 720 张，总质量 1.6t，至 5 月 9 日 13：00 出槽，产出阴极铜 32.4t，在通电期间电流强度始终保持 10000A，计算该系列电解槽电流效率？

六、简答题

1. 简述中和槽溶铜造液、掏槽与装槽作业。

2. 水喷射泵的原理是什么？

3. 缩短极距的优缺点？

4. 提高电解回收率的主要措施有哪些？

5. 简述硫酸铜结晶过程。

6. 真空蒸发器是借助什么理论，使溶液加速蒸发和自动循环的？

7. 电热蒸发法生产粗硫酸镍的优、缺点是什么？

8. 阳极周期过长或过短对生产有什么不利影响？

9. 镍在铜电解过程中杂质镍的行为如何？

10. 在铜电解过程中杂质砷、锑、铋的行为如何？

11. 降低电能消耗的措施。

12. 提高电解直收率的主要措施。

13. 影响电解直收率的因素有哪些?

14. 降低残极率采取的措施?

15. 影响脱铜电流效率提高的因素有哪些。

16. 铅阳极板在脱铜过程中的行为如何？

17. 保证脱铜顺利进行的条件是什么？

18. 生产过程中如何提高电蒸发效率？

19. 真空蒸发器的循环泵异常如何处理？

20. 影响蒸汽单耗的主要因素。

21. 辅助给液在脱铜生产中的作用是什么?

22. 降低车间加工费的主要途径。

23. 简述提高劳动生产率的途径。

24. 直火浓缩法生产粗硫酸镍的优、缺点是什么?

25. 真空蒸发出的水分为什么要经过雾沫分离器?

26. 提高中和效率的途径有哪些?

27. 中和造液的原理是什么?

28. 脱铜的原理是什么?

29. 净化系统如何保证电解生产技术条件的稳定?

30. 冷冻结晶硫酸镍为什么要在酸溶液中进行?

31. 目前国内电解液净化方法主要有哪几种？

七、综合分析题

1. 真空蒸发的原理是什么？

2. 试比较冷冻结晶法与电热蒸发生产粗硫酸镍的优、缺点？

3. 酸雾净化塔净化效果不好的原因是什么，如何处理？

4. 真空蒸发动火检修前，为什么要进行分离器的排空处理？

5. 影响结晶率和硫酸铜质量的因素有哪些?

6. 电积脱铜及除砷、锑原理是什么?

7. 提高净液效果的方法和措施有哪些?

8. 脱铜电解槽的槽面管理应抓好哪几个方面的工作?

9. 常用于生产硫酸铜的过滤机主要有几种, 有何特点?

10. 电热蒸发槽如何正常操作?

C 思考题与讨论答案

11. 进入蒸发器中的溶液是怎样在蒸发器和加热器中循环的?

12. 铅阳极板在脱铜过程中的行为如何?

C　电解复习题答案

一、填空题

1. 火法冶金；2. 砷、锑、铋、硫；3. 氧化铜矿、低品位铜矿、硫化矿废矿；4. 铜离子；5. 明胶、硫脲、盐酸；6. 电流密度、阳极质量、残极率；7. 手摸、干簧管检测；8. 氧气；9. 0.0065%；10. 小于；11. 氯离子、会导致；12. 鼓风炉、反射炉、电炉、闪速炉；13. 极化电位、电解液电阻引起的压降、接触点电阻引起的压降；14. 电流效率、合格率、残极率；15. 原料费、车间加工费、企业管理费；16. 四位、江西、安徽、云南、四川；17. 硫化铜、硫化亚铜、氧化铜、氧化亚铜；18. 平直、切条、铆耳、穿铜棒；19. 氢、氧、二氧化硫、二氧化碳、一氧化碳；20. 胆矾（$CuSO_4 \cdot 5H_2O$）；21. 硫酸、硫酸铜；22. 疏松；23. 金属铜的克当量数；24. 阳极板成分、电流密度、电解液温度、电解槽容积；25. 电解液蒸发量增大、使现场酸雾增大、设备和建筑厂房、劳动条件、酸耗；26. 电流密度；27. 允许电流密度；28. 砷化氢、无味、毒性；29. 电解液、硫酸铜、硫酸镍；30. 直火浓缩法、冷冻结晶法、电热蒸发法；31. 槽电压、电流效率；32. 用电设备的电能利用率、用电设备的选择配置及合理使用、用电的管理、节能措施的应用、适当提高电解液的温度和酸度；33. 串联、复联；34. 电流密度、阳极质量；35. H^+；36. 蓝；37. 氧化亚铜、氧；38. 电积；39. 花瓣、树枝；40. 火法、湿法；41. 5、10%；42. 排列、20；43. 1.1852；44. 极化电位、电解液电阻引起的压降、接触点电阻引起的压降；45. 电化学；46. 铜；47. 铅板；48. 氢、氨、碳；49. 阳离子、阴离子；50. 黑；51. 玫瑰红色、延展性、导电性、导热性；52. 820mm × 720mm、1020mm × 1000mm；53. 卤素；54. 0.993/（A·h），55. 170 ~ 190g/L、45 ~ 52g/L、< 20g/L；56. 塑料夹条；57. 阴极耳子牢固；58. 1.514/（A·h）；59. 氯离子、会导致；60. 单、两；61. 直流电、交流电；62. 钢筋混凝土、呋喃混凝土；63. 反比；64. 供料、压纹、装备、排列；65. 60 ~ 65℃；66. 过度集中；67. 还原、氧化；68. 暗绿；69. 2.598/（A·h）；70. 阴极铜、残极、阳极泥；71. 小堵、小堵口沿、大堵；72. 压纹、钉耳；73. 大；74. 铜、氧气；75. 原料费、车间加工费、企业管理费；76. 减少接触电阻；77. 熔铜竖炉、鼓风炉、转炉、精炼炉；78. 真空蒸发、电热蒸发；79. 机械夹杂；80. 26/2t；81. 始极片、不锈钢；82. 允许电流密度；83. 麻孔；84. 结晶；85. 电化学；86. 铅板（含银或锑）；87. 阳离子、阴离子；88. 砷、锑、铋、硫；89. 粗硫酸镍结晶、无水硫酸镍；90. 电流效率、合格率、残极率；

91. 硫化铜、硫化亚铜、氧化铜、氧化亚铜；92. 胆矾（$CuSO_4 \cdot 5H_2O$）；93. 硫酸、硫酸铜；94. 水溶液里、熔融；95. 添加剂；96. 金属；97. 同极；98. 晶体；99. + 0.337V、- 0.246V；100. $(NH_2)_2CS$。

二、判断题

1. √；2. ×；3. ×；4. ×；5. √；6. ×；7. √；8. √；9. √；10. ×；11. √；12. ×；
13. ×；14. ×；15. √；16. √；17. √；18. ×；19. ×；20. √；21. ×；22. √；23. ×；
24. ×；25. √；26. √；27. ×；28. ×；29. √；30. √；31. √；32. ×；33. √；34. ×；
35. √；36. √；37. ×；38. √；39. √；40. √；41. ×；42. ×；43. ×；44. √；45. ×；
46. √；47. √；48. √；49. √；50. √；51. √；52. √；53. √；54. √；55. √；56. √；
57. ×；58. ×；59. √；60. √；61. √；62. √；63. √；64. ×；65. ×；66. √；67. √；
68. √；69. √；70. √；71. √；72. ×；73. ×；74. √；75. ×；76. √；77. ×；78. √；
79. ×；80. √。

三、单项选择题

1. a；2. d；3. a；4. a；5. c；6. a；7. b；8. b；9. c；10. a；11. d；12. b；13. a；14. c；
15. d；16. a；17. b；18. a；19. b；20. a；21. b；22. c；23. b；24. c；25. a；26. c；27. a；
28. b；29. c；30. a；31. b；32. c；33. a；34. d；35. d；36. d；37. b；38. b；39. c；40. a；
41. c；42. c；43. b；44. b；45. d；46. a；47. a；48. d；49. b；50. a；51. d；52. d；53. b；
54. b；55. d；56. b；57. a；58. c；59. a；60. c；61. a；62. b；63. b；64. b；65. c；66. d；
67. b；68. b；69. a；70. a；71. a；72. b；73. b；74. d；75. d；76. b；77. c；78. a；79. a；
80. c；81. b；82. c；83. a；84. b；85. b；86. c；87. a。

四、多项选择题

1. b、ae、cd；2. c、d；3. a、b；4. a、b；5. c、d；6. b、c、d；7. a、b；8. d、a；9. b、d；
10. a、d；11. e、b；12. a、b、c、d；13. a、d；14. a、b、d；15. c、d；16. b、c；17. a、
b、c、d；18. a、c；19. a、d；20. b、d；21. b、c；22. b、c；23. a、c、d；24. a、b；
25. b、c、a；26. b、d；27. a、b、c、d、e；28. a、b；29. c、d；30. a、b、c、
e；31. a、c；32. a、b；33. a、b、c；34. a、b；35. b、c；36. a、b；37. a、b、c、d；
38. a、b、c、d；39. a、b、c、d、e、f；40. a、d；41. a、c；42. a、b、c、d；43. b、c；
44. c、d；45. a、b。

五、计算题

1. 解：设调整后每天的抽液量为 X m^3：

每天溶液中 Ni 的增长量为：$(15.2-15) \times 1000 + 10 \times 15 \times 80\% = 200 + 120 = 320 kg$

则有：
$$X \times 15 \times 80\% = 320$$
$$X = 26.7 m^3$$

答：为使 Ni^{2+} 浓度控制在 15g/L 以下，每天的抽液量应不低于 $26.7 m^3$。

2. 解：　　　　　　　　　$22.500/1813.5000 \times 100\% = 1.24\%$

答：阳极泥率是 1.24%。

3. 解：　　　　　　　　　$(19-14) \times 1000/19 = 263.2 m^3$

答：需要抽出 $263.2 m^3$ 才能使电解液 Ni^{2+} 降到 14g/L。

4. 解：生产 1t 阴极铜需要溶解阳极的量
$$1 \times 99.95\% / (1 \times 99.43\% \times 98\%) = 1.0258 t$$

阳极实际需要量：
$$1.0258 \times 10000 / [99.8\% \times (1-15\%)] = 12092 t$$

答：年需要阳极板的量 12092t。

5. 解：需脱除的铜量：$(45-30) \times 400 \times 10^{-3} = 6t$

所需电积槽 $= 6 \div (1.1852 \times 10^{-6} \times 6000 \times 18 \times 60\%) = 78.12$ 台

取 79 台。

答：79 台。

6. 解：直收率 = 阴极铜含铜量/实际投入物料含铜量 $\times 100\%$
$$= (1200 \times 99.95\% / 1600) \times 100\% = 74.96\%$$

答：直收率为 74.96%。

7. 解：每年多产出的绵铜量为：
$$qInt \times 10^{-6}\eta = 1.1852 \times 6000 \times 13 \times 330 \times 23.5 \times 10^{-6} \times (70\% - 65\%) = 35.8t$$

答：13 个槽每年可多产出海绵铜量 35.8t。

8. 解：

以铜在电解过程增长量计算：
$$(20000 \times 1.0258 \times 99.43\% \times 1.93\% \times 10^3)/50 \times 98\% = 8024 m^3/a$$

以镍在电解过程增长量计算：
$$(20000 \times 1.0258 \times 0.157\% \times 80\% \times 10^3)/15 \times 75\% = 2290 m^3/a$$

答：每年净液量为 $8024 m^3$。

9. 解：22 个脱铜槽每小时的脱除铜量为：
$$qInt \times 10^{-6}\eta = 1.1852 \times 5500 \times 22 \times 1 \times 10^{-6} \times 80\% = 0.1147t$$

需脱除铜量为：
$$(50-3) \times 60 \times 10^{-3} = 2.82t$$

需要时间为：
$$2.82/0.1147 = 24.6h$$

答：需要 24.6h 才能使电解液含铜降至 3g/L。

10. 解：电解槽总数：
$$N = M \times 10^6/(360 \times 24 \times 0.95 \times 100000.96 \times 1.1852) = 108 \text{ 台}$$

答：需要电解槽 108 台。

11. 解：
$$10m^3 = 1 \times 10^{-4}L$$

$10m^3$ 溶液中含 $CuSO_4$ 量为：
$$140 \times 10^{-4}/10^{-6} = 1.4t$$

因 $CuSO_4 \cdot 5H_2O/CuSO_4 = 250/160$

产品产量为：
$$250 \div 16031.4 = 2.19t$$

答：可生产产品 2.19t。

12. 解：根据脱铜电解沉积总反应式：
$$CuSO_4 + H_2O = Cu + H_2SO_4 + 0.5O_2$$
$$65 \qquad\qquad\qquad 98$$
$$0.7 \qquad\qquad\qquad x$$
$$x = 98 \times 0.7/65 = 0.92t$$

答：同时生产出 0.92t 酸。

13. 解：$5m^3$ 含 $CuSO_4196g/L$ 溶液中有纯 H_2SO_4：
$$5 \times 10^3 \times 196 = 9.8 \times 10^5g$$

由 $Cu^{2+} + H_2SO_4 + 5H_2O = CuSO_4 \cdot 5H_2O + 2H^+$
$$64 \qquad 98 \qquad\qquad\qquad 250$$
$$x \qquad 9.8 \times 10^5 \qquad\qquad\qquad y$$

$x = 64 \times 9.8 \times 10^5/98 = 6.4 \times 10^5g = 0.64t$

$y = 250 \times 9.8 \times 10^5/98 = 2.5 \times 10^6g = 2.5t$

需含 $Cu^{2+}128g/L$ 的溶液：
$$6.4 \times 10^5g/128g/L = 5 \times 10^3L = 5m^3$$

答：在 $5m^3$ 含 $CuSO_4196g/L$ 溶液中加入含 $[Cu^{2+}]128g/L$ 的溶液 $5m^3$，可恰好使溶液全都转为 $CuSO_4$，若产品是 $CuSO_4 \cdot 5H_2O$，则产量是 2.5t。

14. 解：阳极板的溶液量 $\times 80\% \times 4.5\% = 2.2 \times 10^3 \times 800$

阳极板的溶液量 $= (2.2 \times 10^3 \times 800)/(80\% \times 4.5\%) = 48.89t$

　　答：每天阳极板的溶液量为 48.89t。

15. 解：开工前电解液中结存的铜量为：

$$36 \times 650 = 23400kg$$

　　开工时需要的铜量为：

$$40 \times 800 = 32000kg$$

　　需补加的铜量为：

$$32000 - 23400 = 8600kg$$

　　需 96% 的工业硫酸铜量为：

$$8600 \div (1000 \times 96\% \times 25.4\%) = 35.27t$$

　　开工前电解液中结存的硫酸量为：

$$95 \times 650 = 61750kg$$

　　开工时需要的硫酸量为：

$$110 \times 800 = 88000kg$$

　　需补加的硫酸量为：

$$88000 - 61750 = 26250kg$$

　　需 93% 的工业硫酸为：

$$26250 \div (1000 \times 93\%) = 28.23t$$

　　答：问需要补加 96% 的工业硫酸铜 35.27t，93% 的工业硫酸 28.23t。

16. 解：设阳极周期为 x 天，则：

$$x = 124.800 \times (1 - 22/100)/(1.1852 \times 5500 \times 30 \times 24 \times 10^{-6} \times 90\%)$$

$$= 23.05d \quad (取 23d)$$

　　答：阳极周期为 23d。

17. 解：250kg $CuSO_4 \cdot 5H_2O$ 中有 $CuSO_4$：

$$250 \times 160 \div 250 = 160kg = 1.6 \times 10^5 g/L$$

$$(1.6 \times 10^5) \div (2 \times 10^3) = 80g/L$$

　　答：含有 80g/L $CuSO_4$。

18. 解：交流电单耗 = 交流电量/阴极铜产量

$$341000/1100 = 310(kW \cdot h/t)$$

　　消耗的直流电量为：

$$341000 \times (1 - 12\%) \times 94\% = 282075.2kW \cdot h$$

$$直流电单耗 = 交流电量／阴极铜产量$$

$$= 282075.2/1100 = 256.43(kW \cdot h/t)$$

　　答：车间交流电单耗和直流电单耗各是 310kW·h/t 和 256.43kW·h/t。

19. 解：

$$(120 \times 39 \times 1.06 \times 1)/[2 \times 6 \times 37 \times (1-0.05)] + (39 \times 1.06 \times 1) = 10.7 台(取 11 台)$$

答：需要 11 台种板槽。

20. 解：应加入的酸量：

$$(100 \sim 150) \times 3 \times 10^{-3} = 0.3 \sim 0.45t$$

92% 的浓硫酸，在常温下密度为 $1.81t/m^3$，应加入 92% 的浓硫酸质量为

$$(0.3 \sim 0.45) \div 92\% = 0.326 \sim 0.489t$$

换算成体积为：

$$(0.326 \sim 0.489) \div 1.81 = 0.18 \sim 0.27m^3$$

应配水的体积约为；

$$3 - (0.18 \sim 0.27) = 2.82 \sim 2.73m^3$$

答：配制方法是：先往烫洗槽内加 $2.8m^3$ 左右的水，再加入 $0.2m^3$ 左右的浓硫酸，待配好后，开汽加温至 $65 \sim 75℃$。

六、简答题

1. （1）用电设备的电能利用率。

（2）用电设备的选择配置及合理使用。

（3）用电的管理。

（4）节能措施的应用。

（5）适当提高电解液的温度和酸度。

2. LAROX 净化过滤机采用的是独有的吸附滤技术，将溶液中细小固体颗粒吸附在过滤介质表面，达到精细过滤的效果，尽管有时固体颗粒尺寸小于过滤介质的孔隙，但是由于吸附的作用，使固体颗粒还是被吸附住而没有进入到溶液中。

3. 优点：

（1）减少电解液压降从而降低电能消耗；

（2）增加槽内阴阳极片数，提高设备利用率。

缺点：

（1）使阳极泥在沉降过程中附在阴极表面的几率增加，增大贵金属的损失，降低了产品质量；

（2）使短路增加，降低了电流效率，增加了查槽岗位的劳动强度。

4. （1）加强管理。

（2）加强冶金槽罐、管道、阀门的维护检修，防止跑、冒、滴、漏。

（3）加强操作管理，杜绝冒槽、冒罐和电解液溢漏。

(4) 加强对各种废液的回收工作。

(5) 加强物料进出的计量工作。

(6) 防止铜形成不可回收的损失。

5. (1) 铲掉飞边毛刺、鼓包、矫正耳部，使每块阳极上下保持垂直。

   (2) 将阳极板用吊车放在含 H_2SO_4 100~200g/L，温度大于 80℃ 的稀硫酸溶液中泡洗，泡洗时间 5~10min。

   (3) 经泡洗后的阳极板在冲洗槽内将铜粉冲净，方可下槽。

6. 阴极铜表面形成六面体闪金星结晶，结晶较粗糙，表面铜粒子硬而韧，疙瘩不易被击落。

7. 添加剂量过多则始极片发硬发脆，钉耳时易于断裂；添加剂量过少，则始极片发酥，钉耳时也易于断裂。添加剂的多少，不但影响始极片析出质量和物理表面，而且影响始极片加工质量。

8. (1) 电解液温度。电解液的温度越高，与周围空气的温度差越大，散热损失也就越大，给电解液加温要补充的热量也就越多。

   (2) 阴极铜烫洗。除电解液加温外，阴极铜烫洗消耗的蒸汽量也很大。

   (3) 换热器热效率。在加温电解过程中，换热器换热效率高，可以直接节省蒸汽。

   (4) 气候影响。北方和海拔较高的地区因季节性气候的变化，一般比南方工厂蒸汽单耗大，因此应搞好保温防寒工作。

9. 制作好的阴极应符合如下要求：板面平直，弯曲度不得超过 10mm，两耳部铆接牢固、垂直、无刺，两耳距铜皮上沿长度一致，两耳距侧边距离相等。

10. 杂质砷、锑、铋的电极电位与铜的相近，当阴极附近 Cu^{2+} 供应不足时，砷、锑、铋就可能在阴极上放电析出。此外，它们还容易产生漂浮阳极泥，机械黏附在阴极上。

11. 导电母线、电解槽、高位槽、集液槽、循环泵等对地绝缘要好，消除阴阳极短路和烧板现象，保持正常的槽电压，运转设备杜绝大马拉小车和开空车现象，杜绝长明灯及跑、冒、滴、漏现象。

12. (1) 在不影响阴极铜质量的前提下，尽量降低残极率。

    (2) 减少阳极泥中的水溶铜。

    (3) 提高铜皮的合格率、利用率，减少铜皮的切边。

    (4) 提高阴极铜质量，减少粒子生成。

    (5) 加强操作管理，减少阳极断耳。

13. (1) 阳极泥率过高。

    (2) 液净化量大，导致净化溶液中的铜以海绵铜板（渣）等形式返回重熔。

    (3) 种板生产的铜皮质量差、铜皮剪切等形成的边角铜料量大，利用率低。

（4）阳极板主品位低，含氧高，阳极泥率高，带走的铜量增大。

（5）跑、冒、滴、漏等因素造成铜的直接损失。

14.（1）设置残极槽。将出两极时较厚的残极挑出来装入残极槽中再进行电解，使阳极得到充分利用。

（2）加强残极挑选工作。按本厂具体情况，制订残极标准，合理利用残极。

（3）加强再用残极的管理。挑选出来的再用残极要整齐堆放以便再用，防止人为的机械损伤。

（4）用提、压溜相结合的方式均匀溶解阳极。

15.种板槽循环量过小，会产生浓差极化现象，易造成杂质粒子在阴极上析出，影响铜皮的化学成分，降低其主品味，铜皮韧性差；种板槽循环量过大，则影响阳极泥沉降，铜皮容易长粒子。

16.净化量是根据阳极铜的成分、各种杂质进入电解液的百分数、有害杂质在电解液中的允许含量以及所选择的净化流程进行计算的。

17.（1）检查和调整好循环量。

（2）检查和调整好液温。

（3）检测槽电压。

（4）观察阴极状况，随时掌握添加剂的用量情况。

（5）保持液面清洁，及时浇水，使接触点干净无硫酸铜。

（6）根据出槽计划，及时提、压溜。

18.（1）阳极的形状及几何尺寸。

（2）阳极的化学成分。

（3）电流密度及阳极周期。

19.电流密度提高后，若添加剂配比不当或其他条件控制不当，容易引起阴极表面的树枝状结晶、凸瘤、粒子等析出物，使阴、阳极之间的短路现象显著增加，从而引起电流效率的下降。反之，当电流密度过小时，二价铜离子在阴极上的放电有不完全的现象，成为一价铜离子；一价铜离子又可能在阳极上被氧化为二价铜离子，导致电流效率下降。

20.（1）电解液的温度。

（2）阴极铜烫洗。

（3）换热器热效率。

（4）气候影响。

21.（1）防止跑、冒、滴、漏。

（2）加强废液回收。

（3）加强出装槽两极板上残留电解液的回收。

（4）加强液体转移过程中的酸计量工作。

（5）改进电解液净化工作，减少酸耗。

（6）提高废酸的再用率。

22. 一是大力降低动力费用支出。即降低电、蒸汽和水的消耗；二是加强冶金和机械设备的维护保养，减少维修费用；三是加强材料备件管理，科学、合理地选材料、选设备和备件，延长材料、设备、备件使用寿命，降低材料消耗，同时做好修旧利废和班组经济核算工作；四是降低辅助材料的消耗。

23. 一是采用先进的工艺技术，例如铜电解传统的小极板生产人均年产铜只能够达到数十或者数百吨/（人·a），而 ISA 法的铜电解生产人均年产铜可达到数千吨/（人·a）；二是提高自动化、机械化装备水平，减少人工看管的岗位和人工操作的动作；三是依靠科技进步，提高工艺技术水平和生产技术水平；四是加强管理，通过优化劳动组织和采取有效的激励机制等措施来挖掘劳动力资源。

24. 预防这项工艺故障，首先要密切关注原料变化情况和阴阳极加工质量，出装槽时进行精细化作业，加强槽面管理和及时调控电解精炼的工艺技术条件，特别是添加剂的调整起着至关重要的作用。

25. （1）除去阳极表面的氧化亚铜及污染物。烫洗后阳极再在冲洗槽中将铜粉冲洗干净。

（2）提高装槽铜阳极的温度，减小阳极板下槽后引起电解液温度下降，保证电解槽内电解液温度在技术条件范围内。

26. 钛种板质量轻，操作方便，耐腐蚀性能强，寿命长，不污染电解液，不需要涂隔离剂，铜皮质量好，成品率高，容易剥离等特点。

27. 阴极面积小，电流密度相对增加，阴极铜表面析出粗糙，易长粒子，阴极泥在自然沉降过程中容易黏附阴极，造成阴极铜质量下降。

28. 脱出电解液中的铜、砷、锑等杂质，为做粗结晶硫酸镍提供条件。

29. 铜阳极中含砷、锑、铋较高时，容易生成很细的 $SbAsO_4$ 及 $BiAsO_4$ 等絮状物质，密度比较小，漂浮在电解液表面，称为漂浮阳极泥。它随着电解液的循环，成小片状黏附在阴极上沿而形成粒子，不易通过改善电解液技术条件而根除。少量的漂浮阳极泥可用特制小网捞出电解槽，对于大量的漂浮阳极泥，则需要争取改变循环方式，用下进液上出液的方式或其他方式来解决。

30. 胶是铜电解的基本添加剂，能促使获得结晶细小，表面光滑的阴极铜，有较强的抑制疙瘩的作用。胶在酸性介质中被离解成阳离子，在电源的作用下移向阴极，并在阴极上放电，随机吸附在阴极上。在电力线集中的地方（疙瘩的突出部位），胶在该处被吸附的就越多，电阻变大，阻碍 Cu^{2+} 析出。另外，由于它的表面吸附作用，能降低微晶的增长速度，有利于新晶核的产生，从而获得致密平整、结晶极为细小的阴极铜。

31. 适当提高电解液的温度，但主要是靠加快电解液的循环速度来解决，通过循环起搅拌作用，使电解槽中各部位的电解液成分更加趋于一致，添加剂在电解液中分配均匀。严重时可以考虑适当降低电流密度。

32. 严格控制精炼炉的配料比，使镍、氧、铅等杂质含量不超过一定的范围；密切关注阳极板的成分变化，及时调整电解工艺技术条件；加强装槽前的阳极板泡洗；采用周期反向电解；配加适量的盐酸，使电解液中保持适量的 Cl^- 含量等。

33. 镍的电位比铜负，在电解过程中优先与铜从阳极上溶解进入电解液中，在阴极有不能放电析出，存留在电解液中不断积累，当浓度达到极高时，增加了溶液的密度和黏度，不利于阳极泥沉降，造成阳极泥机械夹杂于阴极铜表面，影响产品质量。如果阳极板 NiO 含量高，会妨碍阳极溶解，甚至发生钝化。

34. 溶液中铜离子浓度高时，主要进行铜的沉积，而杂质几乎不被脱出，但随着电解的不断进行铜离子浓度逐渐降低，在铜离子浓度 $3 \sim 8g/L$ 时杂质砷、锑、铋等才开始大量析出，为了使铜离子浓度维持在这个水平，在适当的槽内补加辅助给液，可保持较高的杂质脱出率，同时也是减少砷化氢剧毒气体生产的重要保证。

35. 阴极使用铜始极片，阳极采用含锑 $3\% \sim 4\%$ 或含银 1% 的铅板，通过直流电后发生电化学反应。

阴极反应式为： $$Cu^{2+} + 2e = Cu$$

阳极反应式为： $$H_2O - 2e = \frac{1}{2}O_2 + 2H^+$$

七、综合分析题

1. 原因：由于电解液循环量过小，导致集液槽、高位槽液面太低，使整个电解液处于翻腾状态，带入大量气体；或加热器钛板片产生泄漏，使大量蒸汽通过加热器钛板片进入电解液内，电解液夹杂大量气泡；以及泵密封不严，在抽入电解液的同时，将空气抽入电解液内，造成阴极铜板面长气孔。处理方法：

(1) 保持集液槽、高位槽体积，防止体积控制过小。

(2) 勤于观察，一旦发现阴极表面产生气孔，立即检查板式换热器回水，如回水串酸，则表明换热器钛板片有泄漏现象，停掉泄露的换热器，更换已坏的钛板片。

(3) 搞好泵的密封，定期清理酸泵的底阀，防止堵塞，保证泵的上液量正常。

2. 直收率和残极率指标在电解精炼中是一对相互制约的指标体系。在实际生产中，降低残极率，是降低成本最直接、最有效提高直收率的手段。但降低残极率，会对阴极质量产生影响，过低不仅使残极槽的阴极析出质量恶化，而且使劳动强度增加，若采用大极板机组作业，残极过薄易弯曲等情况会影响机组的正常作业，从而使残极的洗涤运输作业成为整个电解生产工序的瓶颈，影响到整个电解作业的顺利进行，使电解生产处于恶性循环状态。但残极率升高，则直收率就会下降，导致返炼金属物料量增加，吨铜生产所需原料量升高，电解生产成本增加。因此，应根据企业的生产实际，确定合理的指标体系，以获取好的产品质量和经济效益。

3. 含铜低，阴极铜析出疏松，易长粒子，严重时甚至成粉末状，并有砷、锑、铋等杂质析出的危险。在一定范围内提高溶液中铜离子浓度，可以使阴极的沉淀物致密，利于阴极铜质量。含铜过高，阴极结晶会变得粗糙，增加电解液电阻，槽电压升高，增加电耗，增大电解液的密度和黏度，不利于阳极泥沉降，使阴极长粒子的机会增加。

4. （1）铜液含硫量：铜液含硫偏高，在浇铸时析出 SO_2，造成板面鼓泡。

（2）铜水温度：铜水温度低，流动性不好，板面花纹粗。铜水温度高，流动性好，板面花纹细，但易黏模。

（3）铜液含氧量：铜水含氧高，流动性不好，板面花纹粗。铜水含过低，易产生二次充气，使板面鼓泡。

（4）浇铸速度：浇铸速度不当，易形成飞边、毛刺。

（5）阳极冷却：阳极喷水冷却，铜液必须全部冷却，防止喷水冷却时板面产生鼓泡。

（6）脱模剂：脱模剂浓度稀，易产生黏模。

（7）铜模质量：铜模质量差，脱模困难，使铜板弯曲。

5. 当阳极板主品位比较低时，杂质元素的含量就比较高，必定使电解液污染比较严重。在电解过程中常会发生电解液铜离子浓度下降，杂质离子富集较快，阳极泥率大，溶液洁净度低，各种阳极泥固体颗粒易在阴极上机械黏附等现象，使阴极铜杂质含量上升、物理表面结粒严重而影响阴极铜质量，且使电解电流密度不能开得过高，电解液净化量、补充的硫酸铜新液量增加而相应增加净化工序的负荷，使电解精炼成本上升，劳动生产率下降。

6. （1）将该溶液进入真空蒸发，控制技术条件终点溶液密度 $1.4 kg/m^3$，进入结晶器，控制终点温度小于28℃，通过带式离心机进行固液分离，得到粗硫酸铜，再经过重溶槽进行再溶解，并经过二次洗涤，采用离心机进行固液分离，得到产品硫酸铜。

（2）将该溶液进入电解槽，阴极采用铜皮，阳极采用铅阳极板，通入直流电，经过一个周期的电解，可得到产品电积铜。

（3）采用旋流电解工艺，通入直流电，经过一个周期的电解，可得到产品电积铜。

7. 阳极钝化是电解精炼过程中经常出现的现象。在电解精炼过程中，因为某种原因，使阳极的极化电位升高，当高到一定程度时，铜阳极的电化学溶解速度逐渐减少，甚至停止。把阳极在电解精炼过程中不再继续进行电化学溶解的现象称之为阳极钝化。

应急处理的方法主要有：

（1）根据铜阳极板的主品位化验所反映的结果控制适当的电流密度。

（2）电解液的温度和循环量保持一个相对稳定的量。

（3）电解液中加入一定的氯离子，并保持一定的含量。

（4）在发生钝化时，轻者可以震打阳极或对该槽内阴极与其他槽内阴极进行个别兑换以打破形成阳极钝化的平衡，重者重新对阳极板进行冲洗或断电一段时间。

8. （1）种板包边不整齐。造成铜皮周边不整齐，阴极下入电解槽后造成阴极铜边部不齐，或长凸溜，严重影响阴极铜的外观质量。

（2）加胶量不够时，不能充分发挥胶质对粒子生长的抑制作用，会在阴极板面上生长尖头、棱角形粒子；加胶量过大时，不仅会产生阴极铜分层现象，而且整个阴极的结构都很致密。胶抑制阴极表面尖端棱角优先生长的作用被削弱，于是又重新出现阴极铜长粒子的倾向。

（3）加盐酸量不够，在阴极上出现鱼鳞状的灰白粒子。氯粒子浓度过大时，易在阴极表面生长针状粒子。

（4）硫脲加入量少时结晶疏松；但加入量过多时，又使阴极铜表面出现条纹状结晶，严重时，出现粗结晶粒子。

（5）始极片耳子长短不齐，板面垂直度较差，造成阴、阳极排列不正，出现阴极铜一边薄一边厚或边部结粒。

（6）电解液成分、温度、循环量等技术条件长时间不在技术条件控制范围之内，造成阴极析出不均匀，板面结粒等现象。

（7）阳极挑选不仔细，且泡、冲时间不够，排列不对正，照大耳不仔细，造成阳极在槽内不垂直，析出的铜不均匀。

9. 设备的保养就是要求在设备使用过程中经常保持整齐、清洁、润滑与安全。加强设备的保养可减轻设备的磨损，防止意外损伤。根据设备保养工作的广度和深度，保养分成：日常保养、一级保养和二级保养三级。

（1）日常保养：日常保养是由岗位操作人员每天进行的。保养的重点是清洁、润滑、紧固易松动的螺丝、检查操纵机构、安全防护、保险装置是否正常。保养项目大都在设备的外部。

（2）一级保养：一级保养是以岗位操作人员为主，由修理人员进行辅导。保养时要对设备局部进行解体与检查，清洗所规定的部位，并调整其间隙。

（3）二级保养：二级保养是以检修人员为主、岗位操作人员参加。保养时对设备的主要部分进行解体检查与调整，更换那些已达到磨损限度的零件。

10. 问题：

（1）使阳极泥率升高。

（2）增加电解液密度和黏度，使槽电压升高。

（3）增加电解液电阻，降低电导率。

（4）净化脱镍工序电能消耗上升且处理能力不足。

措施：

（1）控制阳极板中的含氧量在0.2%以下。

（2）增大电解系统的抽液量。

（3）增开电蒸发，提高脱镍效率。

11.（1）提高电流密度会使阴、阳极电位差加大，同时电解液的电压降、接触点和导体上的电压损失增加，从而增加了槽电压和电解的直流电耗。

（2）随着电流密度的提高，生产的阴极铜表面，相对比较粗糙，它不仅易黏附悬浮的阳极泥粒子，而且易于在粗糙的凸瘤粒子之间夹杂电解液，阴极铜中的镍、铁、锌及其他杂质含量都有升高的现象。

（3）电流密度提高后，若添加剂配比不当或其他条件控制不当，容易引起阴极表面的树枝状结晶、凸瘤、粒子等析出物，使阴、阳极之间的短路现象显著增加，从而引起电流效率的下降。

（4）随电流密度提高，由于电解液电阻而产生的热量增加，电解槽液面水分蒸发而造成车间内酸雾加重，恶化了劳动条件。

12. 铅在硫酸溶液中的溶解度非常小，其标准电极电位是最负电性的，故阳极表面首先产生一层硫酸铅。由于硫酸铅的产生缩小了阳极有效面积，相应增大了阳极电流密度，这就使二价的铅离子氧化成四价的铅离子：

$$Pb^{2+} - 2e === Pb^{4+}$$

四价铅的硫酸盐水解后，析出二氧化铅沉淀：

$$Pb(SO_4)_2 + 2H_2O === PbO_2 \downarrow + 2H_2SO_4$$

二氧化铅在阳极表面形成一层保护膜，把电解液和铅板隔开，铅就不会继续溶解。

13. 原因：电解槽导流板损坏，使槽内电解液成分、温度、添加剂含量出现不均匀，导流板损坏以下部位的槽内电解液含铜贫化严重；长时间循环量过小或中断，使槽内电解液铜离子贫化严重等。

处理措施：放液后检查导流板是否损坏，若损坏应及时停槽进行修补；加强管理，调整循环量，严格按技术条件进行控制。

14.（1）阳极板薄厚不均，使槽内阴阳极极距不均匀、阳极可供电解的周期不一致，至电解后期增加更换再用残极的出装作业，并引起电解液的震动和浑浊而影响阴极析出质量，消耗人力和电力。

（2）阳极板过薄，电解后期电解阳极有效面积缩小，易导致电力线过度集中，影响析出质量；过厚，产生的残极过厚而使残极率上升、直收率下降，增加返炼金属物料量，增加成本。

15. （1）因两极的加工制作质量不合要求，存在弯曲、鼓包、飞边毛刺等，致使阴阳极间短路；或接触点贴合不紧密，导电不良出现"凉烧板"。

　　（2）因出装槽作业不够精细，阴阳极放置存在极距不均，位置倾斜，导电接触点处理不到位等。

　　（3）原料杂质含量高，技术条件控制不合适，造成板面结粒，导致短路或烧板，这也是造成极间短路或烧板最为普遍的原因。

16. （1）鼓泡塔法中和生产硫酸铜，电积脱铜，砷、锑、铋，电热蒸发生产粗硫酸镍。

　　（2）中和法生产硫酸铜，电积脱铜，砷、锑、铋，蒸汽浓缩生产粗硫酸镍。

　　（3）中和、浓缩法生产硫酸铜，电积脱铜，砷、锑、铋，冷冻结晶生产粗硫酸镍。

　　（4）高酸结晶法生产硫酸铜，电积脱铜，砷、锑、铋，电热蒸发生产粗硫酸镍。

17. 在电解液中加入盐酸，可减少贵金属损失，降低阳极钝化程度，同时盐酸作为生产过程的一种添加剂可改善阴极表面析出质量。

18. 勤调电极，始终保持三相电极电流平衡；定期清理电极结垢，保证电极导电、导热良好；浓缩器给液量均匀；尽量提高蒸发前液温度，减小电流波动幅度。

19. （1）检查和调整好循环量。

　　（2）检查和调整好液温。

　　（3）检测槽电压。

　　（4）观察阴极状况，随时掌握添加剂的用量情况。

　　（5）保持液面清洁，及时浇水，使接触点干净无硫酸铜。

　　（6）根据出槽计划，及时提压溜。

20. 结晶过程一般分为两步进行，首先是晶核形成过程，然后是晶体成长过程，晶核形成和成长与溶液的温度、冷却强度、搅拌速度和方法、物质的性质及杂质含量等因素有关，实践证明，温度低、冷却速度慢，没有搅拌或搅拌较差，有利于晶体成长，形成粗大结晶；反之温度越高，冷却速度越快、搅拌越激烈，晶核生成速度快，晶体发展不完全，产生细小结晶，这种结晶不易沉降和分离。

21. 常规电解液净化方法：

　　（1）电解法除铜，蒸发浓缩后液冷冻结晶法产硫酸镍，中和浓缩法生产硫酸铜。

　　（2）中和浓缩法生产硫酸铜，电解法除砷、锑、铋，蒸汽浓缩结晶生产粗硫酸镍。

　　（3）鼓泡塔法中和与高酸结晶法生产硫酸铜，电解除砷、锑、铋，电热蒸发生产粗硫酸镍。

　　（4）新电解液净化方法：渗析法；有机溶剂萃取铜、镍；萃取法脱砷；共沉淀法除砷、锑、铋；氧化法除砷、锑、铋等。

22. （1）上进液下出液。优点：液体流动方向与阳极泥沉降方向一致，有利于阳极泥沉降，减少阳极泥对阴极铜质量的影响，减少贵金属的损失。缺点：液面悬浮物不能流走，在冬季，电解液表面温度不如下进液上出液的循环方式易维持。

（2）下进液上出液。优点：电解液充分混合，减少浓差极化，浮在液面上的悬浮物易从流液口溢出。缺点：电解液流动方向与阳极泥沉降方向相反，不利于阳极泥沉降，影响阴极铜质量，增加贵金属损失。

23. 因浓硫酸和水的反应非常剧烈，是一个很强的放热反应。如果先加浓硫酸再加水，因浓硫酸比重比水大得多，在加水时酸和水剧烈反应，很容易使溶液溅出伤人，造成事故。因此，先加水，在不断搅拌下缓慢加入硫酸，可以控制反应，不致造成事故。

24. 优点：

（1）加快电解液中铜离子扩散速度，能降低浓差极化，降低槽电压，有利于节约电能，改善阴极铜质量。

（2）提高电解液的温度，能降低电解液的电阻，降低槽电压，从而降低电能消耗。

（3）提高电解液的温度可减少电解液的黏度和密度，有利于阳极泥的沉降，减少贵金属损失，减轻阳极泥对阴极质量的影响。

（4）提高电解液的温度，可以减轻或消除阳极钝化现象。

缺点：

（1）电解液的温度高，电解液的蒸发量增大，使现场酸雾增大，加剧设备和厂房的腐蚀，恶化了劳动条件，同时增大了酸耗。

（2）增大了阴极铜的蒸汽单耗。

（3）使化学溶解加剧，电解液 Cu^{2+} 浓度升高，阴极电流效率下降。

（4）使 $2Cu^+ = Cu^{2+} + Cu$ 反应向左移动，电解液含铜增加。

25. 在电解过程中电解液中逐渐富集了镍、砷、锑、铋等大量的杂质，添加剂的分解产物不断积累，给电解生产带来很多不利因素，为此每天必须抽出一定数量的电解液进行净化处理。另外，电解液中的铜离子浓度不断升高，需要抽出一部分电解液送净化脱铜使电解液的铜离子控制在技术条件范围内；另一方面，为了实现铜、镍分离，需要先将废电解液内的铜脱去。

26. 原因：

一是作为阴极吊耳的铜皮柔韧性差、过薄等问题；二是在阴极电解周期内电解液的液面高度控制不当，未能使阴极吊耳与板面连接牢固，或液面始终处于一个高度，一方面使耳部的厚度偏差过大而发生折断，另一方面液面临界处的铜吊耳被腐蚀变薄而折断；三是由于吊耳尺寸过窄，不能承受阴极的重量而断裂。

处理措施：选择厚度适中、柔韧性好的铜皮作为吊耳；在阴极的电解周期内合理。

27. 因电解液重新装槽后，其温度高低不一，溶液成分不均匀，以及装槽后引起槽内电解液翻腾，阳极泥不易沉淀，故通过一定时间循环，促使电解液温度、成分、分布均匀，阳极泥得到充分沉淀。

28. 合理做好抽补液计划，采用连续抽液方法；加强观察与记录，补液采用勤补液、少补液，杜绝跑冒滴漏；将生产废水回用，减少新水用量。

29. 适量的添加剂可使阴极铜结构致密、表面光滑、杂质含量减少。阴极沉淀物结晶颗粒的大小，与晶粒之间的联系紧密程度有关，当阴极结晶颗粒粗糙时，其结晶之间的联系松弛、间隙较大，间隙内易黏附一些杂质，造成阴极铜杂质含量增加，当颗粒细而致密的沉积构造时，则可以避免这些污染现象的发生。

30. 阳极周期越短，出装槽作业越频繁，增加了人力和能源消耗，但阳极周期太长，除了影响阴极铜质量外，还使生产资金占用额增加。

D 净化复习题答案

一、填空题

1. 火法冶金；2. 砷、锑、铋、硫；3. 氧化铜矿、低品位铜矿、硫化矿废矿；4. 大；5. 明胶、硫脲、盐酸；6. 脱铜、浓缩镍溶液、结晶离心；7. 粗硫酸镍结晶、无水硫酸镍；8. 氧气；9. 不大于0.0065%；10. 砷、锑、铋；11. 硫、镍；12. 鼓风炉、反射炉、电炉、闪速炉；13. 电解液电位降、金属导体电位降、接触点电位降、克服阳极泥电阻的电位降；14. 电流效率、合格率、残极率；15. 原料费、车间加工费、企业管理费；16. 四位、江西、安徽、云南、四川；17. 硫化铜、硫化亚铜、氧化铜、氧化亚铜；18. 阳离子、阴离子；19. 氢、氧、二氧化硫、二氧化碳、一氧化碳；20. 胆矾（$CuSO_4 \cdot 5H_2O$）；21. 硫酸、硫酸铜；22. CO_2潮湿空气、铜绿、铜锈；23. 金属铜的克当量数；24. 水溶液里、熔融；25. 高分子活性物质；26. 电流密度；27. 允许电流密度；28. 砷化氢、无味、毒性；29. 电解液、硫酸铜、硫酸镍；30. 直火浓缩法、冷冻结晶法、电热蒸发法；31. 散热面积、硫酸镍局部结晶；32. 分解、结晶水、白色粉末；33. 金属；34. 同极；35. 晶体；36. 蓝；37. 氧化亚铜、氧；38. 净化；39. $+0.337V$、$-0.246V$；40. 火法、湿法；41. 氧化、还原；42. 阴极铜、残极、阳极泥；43. 电流强度；44. 断流；45. 酸雾、砷化氢；46. $(NH_2)_2CS$；47. 预浓缩、直火浓缩；48. 砷；49. 直火浓缩法；50. 不锈钢；51. $NiSO_3 \cdot 7H_2O$；52. 离子；53. 单极、两极；54. 交流电、直流电；55. 阳极铜成分、副产品销路、原材料来源、经济效益、环境保护；56. 阶梯配置、串联流动；57. 又称为胆矾、天蓝色；58. 高酸结晶（真空蒸发）、电热蒸发；59. 机械夹杂；60. 火法、稀贵金属系统、电解；61. 回收有价金属 Ni、Cu，除去有害杂质 As、Sb，保持 Ni^{2+}、Cu^{2+} 离子浓度平衡；62. 加大抽液量、增加脱铜槽；63. 加温、蒸汽；64. 在低压下溶液的沸点降低。

二、判断题

1. ×；2. ×；3. ×；4. ×；5. √；6. ×；7. √；8. ×；9. √；10. ×；11. ×；12. ×；13. ×；14. ×；15. √；16. √；17. √；18. √；19. √；20. ×；21. √；22. √；23. √；24. √；25. ×；26. √；27. √；28. √；29. √；30. √；31. √；32. √；33. √；34. ×；35. √；36. ×；37. √；38. √；39. √；40. √；41. ×；42. √；43. ×；44. ×；45. √；46. ×；47. ×；48. √；49. √。

三、单项选择题

1. b；2. b；3. b；4. a；5. b；6. a；7. b；8. a；9. b；10. b；11. c；12. b；13. a；14. a；
15. a；16. a；17. c；18. c；19. a；20. a；21. b；22. b；23. b；24. b；25. a；26. a；27. b；
28. a；29. a；30. b；31. b；32. a；33. a；34. b；35. c；36. a；37. b；38. a；39. a；40. a；
41. c；42. a；43. c；44. a；45. a；46. b；47. a；48. a。

四、多项选择题

1. a、c；2. a、b、c；3. a、b、d；4. c、d；5. b、c；6. c、d；7. d、ac、bed；8. a；9. ab；
10. a、b；11. d、a；12. abc；13. ac；14. b、a、c；15. a、d；16. a、b；17. a、b；18. a、
b；19. e、b；20. c、a；21. abc；22. abc；23. abcd；24. abc；25. abcde；26. a、b、c、d；
27. a、d；28. a、b、d；29. a、d；30. abc；31. ace；32. abc；33. abd；34. abd；35. bcd；
36. ac；37. a、d；38. abd；39. acd；40. a、b。

五、计算题

1. 解：设调整后每天的抽液量为 $X\mathrm{m}^3$：

每天溶液中 Ni 的增长量为：

$$(15.2 - 15) \times 1000 + 10 \times 15 \times 80\% = 200 + 120 = 320\mathrm{kg}$$

则有：

$$X \times 15 \times 80\% = 320$$

$$X = 26.7\mathrm{m}^3$$

答：为使 Ni^{2+} 浓度控制在 15g/L 以下，每天的抽液量应不低于 $26.7\mathrm{m}^3$。

2. 解：每天的脱除铜量为：

$$qInt \times 10^{-6}\eta = 1.1852 \times 6000 \times n \times 18 \times 10^{-6} \times 60\%$$

需脱除铜量为：

$$(45 - 30) \times 400 \times 10^{-3} = 6\mathrm{t}$$

需要的电积槽为：

$$6/1.1852 \times 6000 \times 18 \times 10^{-6} \times 60\% = 79$$

答：需要 79 个电积槽。

3. 解：

$$(19 - 14) \times 1000/19 = 263.2\mathrm{m}^3$$

答：需要抽出 $263.2\mathrm{m}^3$ 才能使电解液 Ni^{2+} 降到 14g/L。

4. 解：浓缩后液的体积为：

$$4 \times 45/80 = 2.25\mathrm{m}^3$$

答：浓缩后液的体积为 $2.25m^3$。

5. 解：

$$回收率 = 阴极铜含铜量/实际消耗物料含铜量 \times 100\%$$
$$= 3600 \times 99.95\%/3800 \times 96\% = 98.63\%$$

答：回收率为 98.63%。

6. 解：

$$直收率 = 阴极铜含铜量/实际投入物料含铜量 \times 100\%$$
$$= 1200 \times 99.95\%/1600 = 74.96\%$$

答：直收率为 74.96%。

7. 解：每年多产出的绵铜量为：

$$qInt \times 10^{-6}\eta = 1.1852 \times 6000 \times 13 \times 330 \times 23.5 \times 10^{-6} \times (70\% - 65\%) = 35.8t$$

答：13 个槽每年可多产出海绵铜量 $35.8t$。

8. 解：浓缩后液 H_2SO_4 浓度为：

$$10 \times 110/5 = 220g/L$$

浓缩后液 Ni^{2+} 浓度为：

$$10 \times 45/5 = 90g/L$$

答：浓缩后液 H_2SO_4 浓度为 $220g/L$，Ni^{2+} 浓度为 $90g/L$。

9. 解：22 个脱铜槽每小时的脱除铜量为：

$$qInt \times 10^{-6}\eta = 1.1852 \times 5500 \times 22 \times 1 \times 10^{-6} \times 80\% = 0.1147t$$

需脱除铜量为：

$$(50 - 3) \times 60 \times 10^{-3} = 2.82t$$

需要时间为：

$$2.82/0.1147 = 24.6h$$

答：需要 $24.6h$ 才能使电解液含铜降至 $3g/L$。

10. 解：

镍的直收率 = 结晶硫酸镍含镍量/实际消耗物料含镍量 $\times 100\%$

$$= 10 \times 19\%/45 \times 60 \times 10^3 \times 10^{-6} \times 100\%$$
$$= 70.37\%$$

镍的总收率 = 结晶硫酸镍含镍量/实际投入物料含镍量 $\times 100\%$

$$= 10 \times 19\%/(45 \times 60 \times 10^3 \times 10^{-6} + 12 \times 60 \times 10^3 \times 10^{-6}) \times 100\%$$
$$= 55.56\%$$

答：镍的直收率为 70.37%，总收率为 55.56%。

11. 解：根据公式得：直流电单耗 $= 1000/1.1852\eta$

$$= 1000 \times 2.1/1.1852 \times 85\%$$

$$= 2084.5 \ (\mathrm{kW \cdot h/t})$$

答：直流电单耗为 2084.5kW·h/t。

12. 解：根据脱铜电解沉积总反应式：

$$\mathrm{CuSO_4 + H_2O = Cu + H_2SO_4 + 0.5O_2}$$

$$\begin{array}{ccc} 66 & & 98 \\ 0.8 & & x \end{array}$$

$$x = 98 \times 0.8/66 = 1.19t$$

答：同时生产出 1.19t 酸。

13. 解：5m³ 含 $\mathrm{CuSO_4}$ 196g/L 溶液中有纯 $\mathrm{H_2SO_4}$：

$$5 \times 10^3 \times 196 = 9.8310^5 \mathrm{g}$$

由 $\mathrm{Cu^{2+} + H_2SO_4 + 5H_2O = CuSO_4 \cdot 5H_2O + 2H^+}$

$$\begin{array}{ccc} 64 & 98 & 250 \\ x & 9.8 \times 10^5 & y \end{array}$$

$$x = 64 \times 9.8 \times 10^5/98 = 6.4 \times 10^5 \mathrm{g} = 0.64t$$

$$y = 250 \times 9.8 \times 10^5/98 = 2.5 \times 10^6 \mathrm{g} = 2.5t$$

需含 $[\mathrm{Cu^{2+}}]$ 128g/L 的溶液：

$$6.4 \times 10^5 \mathrm{g}/128\mathrm{g/L} = 5 \times 10^3 \mathrm{L} = 5\mathrm{m^3}$$

答：在 5m³ 含 $\mathrm{CuSO_4}$ 196g/L 溶液中加入含 $[\mathrm{Cu^{2+}}]$ 128g/L 的溶液 5m³，可恰好使溶液全都转为 $\mathrm{CuSO_4}$，若产品是 $\mathrm{CuSO_4 \cdot 5H_2O}$，则产量是 2.5t。

14. 解：

$$140 \times 5/40 = 17.5\mathrm{m^3}$$

需加水：

$$17.5 - 5 = 12.5\mathrm{m^3}$$

又因为 $d_水 = 1\mathrm{kg/L}$，则加入水的质量为 $12.5 \times 1 = 12.5t$

答：需要加水 12.5t。

15. 解：硫酸的总质量为：

$$6 \times 10^3 \times 30 + 10^6 \times 98\% = 1.16t$$

溶液的总体积为：

$$6 + 1/1.84 = 6.54\mathrm{m^3}$$

溶液中硫酸的浓度为：

$$1.16 \times 10^6/6.54 \times 10^3 = 177.37\mathrm{g/L}$$

答：溶液中硫酸的浓度为 177.37g/L。

16. 解：250kg $CuSO_4 \cdot 5H_2O$ 中有 $CuSO_4$：

$$250 \times 160 \div 250 = 160kg = 1.6 \times 10^5 g/L$$

$$(1.6 \times 10^5) \div (2 \times 10^3) = 80g/L$$

答：含有 80g/L $CuSO_4$。

17. 解：电解液铜的增长量为：

$$4000 \div (1 - 1.5\%) \times 1.5\% = 60.9t$$

净液除去的铜量为：

$$42 \times 3 \times 330 \times 10^{-3} = 41.6t$$

造酸槽应脱出的铜量为：

$$60.9 - 41.6 = 19.3t$$

一个造酸槽的日析出量为：

$$1.1852 \times 8000 \times 1 \times 24 \times 30 \times 0.95 \times 10^{-6} = 6.5t$$

应设造酸槽数为：

$$19.3 \div 6.5 = 2.969$$

答：应设 3 个造酸槽。

18. 解：阳极板的溶液量：

$$80\% \times 4.5\% = 2.2 \times 10^3 \times 800$$

$$阳极板的溶液量 = (2.2 \times 10^3 \times 800)/(80\% \times 4.5\%) = 48.89t$$

答：每天阳极板的溶液量为 48.89t。

19. 解：线路损失 = 总电压 - 槽电压 × 开动槽数

$$26 - [0.24 \times (96 - 1) + 2.4] = 0.8V$$

答：该车间的线路损失是 0.8V。

20. 解：$\eta = M/(qInt \times 10^{-6}) \times 100\%$

$$= (32.4 - 1.6)/[1.1852 \times 10000 \times 18 \times (6 \times 24 + 4) \times 10^{-6}] \times 100\%$$

$$= 97.55\%$$

答：该系列电解槽电流效率为 97.55%。

六、简答题

1. （1）掏槽：将筛板上铜料掏净，拆除槽盖筛板和大梁，然后吊出盘管，再将槽底阳极泥、铜料、残极及结晶等清理干净，运往指定场地。

（2）装槽：装好加热盘管、大梁、筛板和槽盖，检查人孔门是否关好，各管道是否连接到位，然后试汽，无误后，开始装入铜料，铜残极放在下层，且分层直立堆放，并保持残极间距，残极与槽壁之间有一定的空隙，不能装实压死。

2. 通过水泵把具有一定压力的水，输入到喷射泵的水室内，然后水通过对称而均匀排列的多个水嘴，形成流速很高的水束，经过一定距离后，各水束聚集于喉管中心线上，由于水束的吸附作用，在其周围形成负压，起到抽吸真空的作用，加上水束与空气的摩擦，冲击漩涡夹带及混合压缩作用，在经过一段较长的尾管抽吸作用，获得较高的真空。

3. 优点：

(1) 减少电解液压降从而降低电能消耗。

(2) 增加槽内阴阳极片数，提高设备利用率。

缺点：

(1) 使阳极泥在沉降过程中附在阴极表面的几率增加，增大贵金属的损失，降低了产片质量。

(2) 使短路增加，降低了电流效率，增加了查槽岗位的劳动强度。

4. (1) 加强物料管理。铜耳、铜屑、铜粒子、残极等做到及时回收，妥善存放，定期返回熔炼车间。

(2) 加强冶金槽罐、管道、阀门的维护检修，防止跑、冒、滴、漏。

(3) 加强操作管理，杜绝冒槽、冒罐和电解液溢漏。

(4) 加强对各种废液的回收工作。如阳极槽洗水、烫洗阴极铜水，清理作业场地用水等。

(5) 加强物料进出的计量工作。

(6) 防止铜形成不可回收的损失。如溶液渗入地下、金属铜料或含铜物料在运输过程的损失等。

5. 硫酸铜的冷却结晶过程就是将在较高温度下（80~90℃）的饱和硫酸铜溶液经过降温使溶液中的硫酸铜过饱和而结晶析出的过程。硫酸铜的结晶是在结晶机中进行的。

6. 溶液中溶剂的挥发速度与外界阻力有关，在真空条件下溶液的沸点降低，在加入状态下溶剂分子逸出液面的阻力随着真空度的增大而降低，从而提高蒸发速度。

7. 电热浓缩法的优点是：自动化程度高，工人劳动强度低，设备密闭，蒸发出的气体经处理后排放，环保效果好，回收酸质量高，含镍低。缺点是：消耗电较多，供电紧张的地区不宜采用。

8. 阳极周期过长，则金属在槽内滞留时间加长，影响资金周转；阳极周期过短，则残极率升高，增加返炼加工费和金属损失，造成出装作业频繁，增加人力、物力消耗。

9. 镍的电位比铜负，在电解过程中优先与铜从阳极上溶解进入电解液中，在阴极又不能放电析出，存留在电解液中不断积累，当浓度达到极高时，增加了溶液的密度和黏度，不利于阳极泥沉降，造成阳极泥机械夹杂于阴极铜表面，影响产品质量。如果阳极板

NiO 含量高，会妨碍阳极溶解，甚至发生钝化。

10. 杂质砷、锑、铋的电极电位与铜的相近，当阴极附近 Cu^{2+} 供应不足时，砷、锑、铋就可能在阴极上放电析出。此外，它们还容易产生漂浮阳极泥，机械黏附在阴极上。

11. 导电母线、电解槽、高位槽、集液槽、循环泵等对地绝缘要好，消除阴阳极短路和烧板现象，保持正常的槽电压，运转设备杜绝大马拉小车和开空车现象，杜绝长明灯及跑、冒、滴、漏现象。

12. （1）在不影响阴极铜质量的前提下，尽量降低残极率。

（2）减少阳极泥中的水溶铜。

（3）提高铜皮的合格率、利用率，减少铜皮的切边。

（4）提高阴极铜质量，减少粒子生成。

（5）加强操作管理，减少阳极断耳。

13. （1）阳极泥率过高；

（2）液净化量大，导致净化溶液中的铜以海绵铜板（渣）等形式返回重熔；

（3）种板生产的铜皮质量差、铜皮剪切等形成的边角铜料量大，利用率低；

（4）阳极板主品位低，含氧高，阳极泥率高，带走的铜量增大；

（5）跑冒滴漏等因素造成铜的直接损失。

14. （1）设置残极槽。将出两极时较厚的残极挑出来装入残极槽中再进行电解，使阳极得到充分利用。

（2）加强残极挑选工作。按本厂具体情况，制订残极标准，合理利用残极。

（3）加强再用残极的管理。挑选出来的再用残极要整齐堆放以便再用，防止人为的机械损伤。

（4）用提、压溜相结合的方式均匀溶解阳极。

15. 杂质离子放电；脱铜槽漏电；阴极化学溶解；极间短路。

16. 铅在硫酸溶液中的溶解度非常小，其标准电极电位是最负电性的，故阳极表面首先产生一层硫酸铅。由于硫酸铅的产生缩小了阳极有效面积，相应增大了阳极电流密度，这就使两价的铅离子氧化成四价的铅离子：

$$Pb^{2+} - 2e = Pb^{4+}$$

四价铅的硫酸盐水解后，析出二氧化铅沉淀：

$$Pb(SO_4)_2 + 2H_2O = PbO_2 \downarrow + 2H_2SO_4$$

二氧化铅在阳极表面形成一层保护膜，把电解液和铅板隔开，铅就不会继续溶解。

17. 要有足够的硫酸浓度，以减少一价铜离子浓度；电解液温度不能太高，防止酸雾大量挥发造成严重腐蚀；电流密度随铜离子浓度降低而降低，防止槽电压急剧上升和有害气体产生，加强槽面管理，提高电流效率。

18. 勤调整电极，保持三相电流平衡；定期清理电极结垢，保证电极导电、导热良好；均匀给液；尽量提高前液温度；减小电流波动；定期标定温度检测计的准确性。

19. 处理方法：立即关闭蒸汽进口阀，停止循环泵，控制系统切换至手动，检查高位槽液位情况，检查循环泵。

20. （1）电解液温度。电解液的温度越高，与周围空气的温度差越大，散热损失也就越大，给电解液加温要补充的热量也就越多。

（2）阴极铜烫洗。除电解液加温外，阴极铜烫洗消耗的蒸汽量也很大。

（3）换热器热效率。在加温电解过程中，换热器换热效率高，可以直接节省蒸汽。

（4）气候影响。北方和海拔较高的地区因季节性气候的变化，因此应搞好保温防寒工作。

21. 溶液中铜离子浓度高时，主要进行铜的沉积，而杂质几乎不被脱出，但随着电解的不断进行铜离子浓度逐渐降低，在铜离子浓度 3 ~ 8g/L 时杂质砷、锑、铋等才开始大量析出，为了使铜离子浓度维持在这个水平，在适当的槽内补加辅助给液，可保持较高的杂质脱出率，同时也是减少砷化氢剧毒气体生产的重要保证。

22. 一是大力降低动力费用支出。即降低电、蒸汽和水的消耗；二是加强冶金和机械设备的维护保养，减少维修费用；三是加强材料备件管理，科学合理地选材料、选设备和备件，延长材料、设备、备件使用寿命，降低材料消耗，同时做好修旧利废和班组经济核算工作；四是降低辅助材料的消耗。

23. 一是采用先进的工艺技术，例如铜电解传统的小极板生产人均年产铜只能够达到数十或者数百吨/（人·a），而 ISA 法的铜电解生产人均年产铜可达到数千吨/（人·a）；二是提高自动化、机械化装备水平，减少人工看管的岗位和人工操作的动作；三是依靠科技进步，提高工艺技术水平和生产技术水平；四是加强管理，通过优化劳动组织和采取有效的激励机制等措施来挖掘劳动力资源。

24. 优点：设备简单，镍回收率高，母液含镍少。缺点：硫酸损失大，劳动环境差，设备腐蚀严重。

25. 因为蒸发出的水蒸气带有一部分酸雾，影响水的排放质量。因此，水蒸气进入冷却器前，要先通过雾沫分离器分离捕集酸雾，分离出的水蒸气随真空被带到冷却器中冷凝成水。

26. 有足够的氧量；较大的金属铜表面积；足够高的温度，适当的硫酸浓度。

27. （1）氧溶于溶液中，并且向金属铜表面扩散。

（2）溶解在溶液中的氧与铜作用生成氧化亚铜：

$$4Cu + O_2 \Longrightarrow 2Cu_2O$$

（3）氧化亚铜与硫酸作用生成硫酸亚铜：

$$Cu_2O + H_2SO_4 \rightleftharpoons Cu_2SO_4 + H_2O$$

（4）溶液中的硫酸亚铜迅速地被氧化成硫酸铜：

$$Cu_2SO_4 + H_2SO_4 + \frac{1}{2}O_2 \rightleftharpoons 2CuSO_4 + H_2O$$

（5）产物向溶液扩散。

28. 阴极使用铜始极片，阳极采用含锑 3% ~4% 或含银 1% 的铅板，通过直流电后发生电化学反应。

阴极反应式为：

$$Cu^{2+} + 2e \rightleftharpoons Cu$$

阳极反应式为：

$$H_2O - 2e \rightleftharpoons \frac{1}{2}O_2 + 2H^+$$

29.（1）提高电解后液杂质脱除率，保证返回电解系统的溶液质量达到技术条件要求。

（2）强化岗位操作，保证每道工序操作质量。

30. 因为根据同离子效应：在原溶液中加入溶解度比较大的同离子物质，可使原溶液中溶质的溶解度降低。因此，提高溶液硫酸浓度，可以降低硫酸镍在水溶液中的溶解度，提高 $NiSO_4$ 结晶率。但酸度过高会影响产品质量。所以要控制适当。

31.（1）鼓泡塔法中和生产硫酸铜，电积脱铜，砷、锑、铋，电热蒸发生产粗硫酸镍。

（2）中和法生产硫酸铜，电积脱铜，砷、锑、铋，蒸汽浓缩生产粗硫酸镍。

（3）中和、浓缩法生产硫酸铜，电积脱铜，砷、锑、铋，冷冻结晶生产粗硫酸镍。

（4）高酸结晶法生产硫酸铜，电积脱铜，砷、锑、铋，电热蒸发生产粗硫酸镍。

七、综合分析题

1. 真空蒸发依据的原理是一个物理过程。溶液中溶剂的挥发速度与外界阻力有关，在真空条件下溶液的沸点降低，溶剂分子逸出液面的阻力也随之降低。同时，利用真空泵或水流喷射泵使蒸发器内部空间造成的负压与蒸发器底部压力之差作为动力使溶液自动循环，从而提高蒸发速度。即真空蒸发的特点是：在低压下溶液的沸点降低，用较少的蒸汽蒸发大量的水分。

2.（1）冷冻结晶法生产粗硫酸镍优点硫酸损失少，劳动条件好，粗镍盐含酸低，在生产精制硫酸镍时不用水洗，可直接投料；缺点结晶母液含镍高，镍直收率低，设备多，占地面积大，动力消耗多，操作复杂。

（2）电热蒸发生产粗硫酸镍优点自动化程度高，工人劳动强度小，设备密闭，蒸发出的气体经处理后排放，环保效果好，回收酸质量高；缺点是耗电高。

3.（1）喷淋洗涤装置不畅，检查循环泵性能是否完好，进液管道是否畅通，塔内喷淋头是否有堵塞现象。

（2）中和效果不好，在加碱数量及时间安排上应做调整，保持塔内液体 pH 值为 7。

（3）塔内废液应定期排放并集中处理。

4. 真空蒸发配套管线与分离器属于密闭连接，在生产过程中由于酸性溶液与金属及金属氧化物等物质作用会产生少量氢气，集聚在分离器顶部不随蒸汽外排，当检修动火时，一定浓度的氢气遇明火会发生剧烈爆炸，所以在检修前需进行严格、彻底排空处理，以防意外发生。

5. （1）结晶终点温度：温度越低，母液含铜越少，结晶率越高。

（2）溶液酸度：酸度越高，硫酸铜溶解度越小。

（3）溶液含铜：溶液含铜越高，结晶率越高。

（4）冷却速度：冷却速度快，结晶变细，硫酸铜质量降低。

（5）搅拌速度：搅拌速度过小，影响冷却率。

6. 脱铜脱砷、锑电积同电解系统中脱铜槽电解过程相似，阴极使用铜始极片，阳极采用含锑 3% ~4% 或含银 1% 的铅板，电解液为电解精炼后液或真空蒸发后液，通过直流电后发生电化学反应。

阴极反应式为：

$$Cu^{2+} + 2e === Cu$$

$$As^{3+} + 3e === As$$

$$Bi^{3+} + 3e === Bi$$

$$Sb^{3+} + 3e === Sb$$

$$2H^+ + 2e === H_2$$

随着电解的进行，Cu^{2+} 浓度不断下降，特别是下降至 8g/L 以下时，Cu 的放电电位下降，在阴极附近铜离子贫乏，而使 As、Sb、Bi 与 Cu 一道析出，在脱铜末期由于 H_2 大量析出而使电流效率急剧降低，平均电流效率仅为 60% 左右，并且在阴极上得到含砷、锑高的黑色疏松沉积物。

阳极反应式为：

$$H_2O - 2e === \frac{1}{2}O_2 + 2H^+$$

同时还存在：

$$Pb - 2e === Pb^{2+}$$

$$SO_4^{2-} - 2e === SO_3 + \frac{1}{2}O_2$$

7. （1）杜绝将电解液净化时产出的粗硫酸含铜结晶母液、阳极泥洗水、处理阳极泥时的脱铜液、车间地面的废液等含杂质或悬浮物高的溶液，未经充分处理或过滤，就大量地直接兑入电解液。

（2）选择合理的净液流程和先进的设备，严格按技术操作规程控制各工序技术条件，提高净化的各项技术经济指标。

（3）加强对岗位人员的培训，提高各工序操作人员的技术水平。

8．（1）检查和调整好循环量。

（2）检查和调整好阴、阳极，防止短路。

（3）检测槽电压。

（4）观察阴极状况。

（5）保持液面清洁，使接触点干净无硫酸铜。

9．（1）三足式离心过滤机：这种离心机分为上部卸料和下部卸料两种，上部卸料基本上是人工操作，劳动强度大；下部卸料不用人工出料。但操作不当易振动，而且溶液易从离心机卸料口漏入料中，所以下部卸料不宜用于精硫酸铜分离。三足上卸式离心机分离出的硫酸铜其物理性能基本满足国家标准要求，被大多数厂家采用。

（2）带式过滤机：该机需要配套真空系统自动吸滤分离母液，由于连续自动化生产，该机处理能力大，工人劳动强度低。硫酸铜含酸含水分低，结晶率高。

（3）立式溢料型结晶机：该机生产能力大，能连续自动进、卸料，劳动强度低，但产品含水分较高，一般用于粗硫酸铜的生产。

（4）活塞推料离心机：该机在全速运转中完成所有的操作工序。如进料、分离、干燥和卸料等。具有自动连续操作，处理量大，单位产量耗电少，对固相颗粒破坏小，运转平稳，振动小等优点，被大多数厂家采用。缺点是固、液分离困难，容易"拉稀"，硫酸铜含酸高、结晶率低。

10．当加入蒸发槽溶液量和浓度一定时，如槽内溶液沸点升高，说明溶液浓度升高，即溶液蒸发的水量增加了，可断定电源输出功率大了，此时应减少电源的输出功率，反之则加大输出功率，在这种情况下，一般控制蒸发终液的硫酸浓度在1100g/L，对应的溶液沸点在170℃左右。固定进槽溶液流量，由检测沸点温度来调节电源的输出功率。电热浓缩槽工作时，三相电流的强度应基本平衡，如某一相差别较大，可通过调节这根电极的插入深度来调节电流强度的平衡。

11．在真空条件下，当溶液被换热器加热后，从换热器上部的管道进入蒸发器，蒸发器中的溶液因蒸发水分带走了热量，而使温度下降，凉的溶液从蒸发器的底部流入换热器。进入蒸发器中的溶液在蒸发器和换热器中循环，蒸发掉大量的水分。蒸发出的水蒸气夹带一部分酸雾，影响水的排放质量，水蒸气进入冷凝器前要通过雾沫分离器分离捕集酸雾，分离出的水蒸气随真空被带到冷凝器冷凝成水，流入水封槽中循环或排放。

12. 铅在硫酸溶液中的溶解度非常小，其标准电极电位是最负电性的，故阳极表面首先产生一层硫酸铅。由于硫酸铅的产生缩小了阳极有效面积，相应增大了阳极电流密度，这就使二价的铅离子氧化成四价的铅离子：

$$Pb^{2+} - 2e == Pb^{4+}$$

四价铅的硫酸盐水解后，析出二氧化铅沉淀：

$$Pb(SO_4)_2 + 2H_2O == PbO_2\downarrow + 2H_2SO_4$$

二氧化铅在阳极表面形成一层保护膜，把电解液和铅板隔开，铅就不会继续溶解。

参 考 文 献

[1] 北京有色设计研究总院,等. 重有色金属冶炼设计手册(铜镍卷)[M]. 北京:冶金工业出版社,1996.

[2] 朱祖泽,贺家齐. 现代铜冶金学[M]. 北京:科学出版社,2003.

[3] 金川公司第二冶炼厂. 铜电解工职业技能鉴定培训教材,2003.

[4] 丁昆,华宏全. 铜电解净化过程中砷的脱除[J]. 有色冶炼,2003.

[5] 郑金旺. 铜电解精炼过程中砷、锑、铋的危害及脱除方式的发展[J]. 铜业工程,2002.

[6] 鲁道荣. 杂质在铜电解精炼中的电化学行为[J]. 有色金属,2002.

[7] 李永春. 高电流密度生产阴极铜的实践[J]. 中国有色冶金,2001,30(6):21~24.

[8] 李运刚. 降低铜电解精炼电耗的途径[J]. 冶金能源,1991,10(3):30~32.

[9] 余智艳. 蒸汽间接加热浓缩生产粗硫酸镍工艺应用[J]. 有色冶金设计与研究,1999,3:18~22.

[10] 华宏全,张豫. 铜电解过程中砷存在形态的研究及其控制实践[J]. 矿冶,2011,3:68~71.